如何阅读达尔文
How to Read Darwin

[英]马克·里德利(Mark Ridley) 著

汪功伟 译

重庆大学出版社

目　录

丛书编者寄语

我如何阅读
"如何阅读"丛书?

  本丛书基于一个非常简单却又新颖的创意。初学者进入伟大思想家和著作家的大多数指南，所提供的要么是其生平传略，要么是其主要著作概要，甚或两者兼具。与之相反，"如何阅读"丛书则在某位专家指导下，让读者直接面对伟大思想家和著作家的著述。其出发点是：为了接近某位著作家的著述之究竟，您必须接近他们实际使用的话语，并学会如何读懂这些话语。

  本丛书中的每本书，某种程度上都堪称一个经典阅读的大师班。每位作者都择录十则左右著作家原作，详加考察以揭示其核心理念，从而开启通向整体思想世界的大门。有时候，这些择录按年代顺序编排，以便了解思想家与时俱进的思想演变，有时候则不如此安排。丛书不仅是某位思想家最著名文段的汇编、"精华录"，还提供了一系列线索或关键，能够使读者进而举一反三有自己的发现。除文本和解读，每本书还提供了一个简明生平年表和进阶阅读建议，以及网络资源等等内容。"如何阅读"丛书并不声称，会告诉您关于这些思想家，如弗洛伊德、尼采和达尔文，甚或莎士比亚和萨德，您所需要知道的一切，但它们的确为进一步探索提供了最好的出发点。

正是这些人塑造了我们的智识、文化、宗教、政治和科学景观，本丛书与坊间可见的这些思想家著作的二手改编本不同，"如何阅读"丛书提供了一套耳目一新的与这些思想家的会面。我们希望本丛书将不断给予指导、引发兴趣、激发胆量、鼓舞勇气和带来乐趣。

西蒙·克里切利（Simon Critchley）
于纽约社会研究新学院

导　论

我们应该如何阅读达尔文？他是一位掀起过生物学革命的历史人物，其影响遍布现代文化的各个方面——除了生物学，还包括哲学、人文科学、神学、软件工程、文学和造型艺术。因此，考察达尔文的著作与人类思想的宏大主题之间的关联乃是顺理成章之事。达尔文也是一位极具才智的思考者，即便抛开历史影响不论，阅读他的著作仍然是一件吸引人的事，你几乎可以把阅读的过程当成一种聊天。他才思广博，总会说出一些新颖有趣的事情。与这样的人交流是一件乐事。你很快就会认识到他的思考方式。他喜欢尽自己所能地收集一切事实，来源之广令人咋舌。他喜欢建立一般性的抽象理论，从而理解研究主题的关键特征。他深入思考了所有的难题，并且难能可贵地保持着理智上的诚实。

达尔文是一位多产的作者。他不仅撰写了传世经典《物种起源》（*The Origin of Species*），还写了一大批关于珊瑚礁、藤壶、蚯蚓、兰花等不同主题的书籍，以及一本《贝格尔号航海游记》（*Beagle*）和一本自传。除了对《人类的由来》^①（*The Descent of Man*，这恐怕是知名度仅次于《物种起源》的作品）和《人类和动物的表情》（*The Expression of the Emotions*）的主要观点的阐释，本书的大部分篇幅都献给了《物种起源》，对于其他的作品只能割爱。

p.2

在阅读达尔文的时候，应该把他当作历史学家，还是科学家？作为科学家的达尔文激发了许多后续研究，现代科学为达尔文的一切洞见都补充了许多后续发现。我估计，读者既想了解达尔文彼时的思考与讨论，也想了解他的理论在经历了150年的研究之后是否仍被视为不易之论。

如果从"历史"的角度来解读达尔文，那么我想钻进达尔文的脑袋，试图了解他是如何思考的。我倾向于采用哲学家兼历史学家科林伍德的方法，他认为我们应该以理解历史人物提出的问题为旨归。我们也许不容易看清他们思考的问题，但如果把它们弄清楚了，就更能理解他们的工作。在面对达尔文从农业和博物学中得出的大量证据时，我们应该问一问：达尔文向自己提出了什么问题？我们在面对一个抽象的论证时应该问一问：这个论证旨在回答什么问题？通过这种方式，我们就会了解过去的人在思考什么。科林伍德的方

---

① 根据原文《人类的由来和性选择》一书的书名在正文中统一为《人类的由来》，原因作者已在第七章详述。——编者注

法迫使我们成为主动的读者：与其守株待兔，不如在文本中追寻意义。

许多读者不满足于仅仅根据时代背景来理解达尔文。不能把这个伟大的人物完全托付给历史学家，毕竟他至今仍有巨大的影响力，所以我也想从现代的角度来解读他。例如，人们现在普遍拒绝达尔文对遗传的具体解释，并用现代遗传学取而代之；然而，我们如今对遗传学和 DNA 的了解事实上支持了达尔文的中心思想，想必他会对这些进展感到高兴。因此，对大多数人来说，要想理解达尔文的演化思想，与其参考他自己的遗传理论，不如参考现代遗传学。

对现代读者而言，相较于科学领域乃至其他领域的巨擘，达尔文有一个巨大的优点。他不仅重要，还很易读。他的著作面向同时代的普通读者，其中罕有专业术语，更无数学符号。哥白尼、牛顿或爱因斯坦的著作无法给非专业人士带来什么收获，哪怕后者绞尽脑汁；很多距离我们更近一些的科学家诚然重要，可也只有少数同行能够读懂他们的论文。唯达尔文是个例外。在他写作的年代，大量受过良好教育的读者对科学领域的根本问题抱有兴趣。更早期的科学家往往沉迷在历史中，晚近的科学家则固执于学科壁垒和专业术语。大多数人只有在教育或科普的帮助下才能接触到伟大的科学思想，但即便是一流的教育和科普也永远比不上与思想的源头直接碰撞：达尔文的《物种起源》给了我们这个机会。

"一篇绵长的论证"

《物种起源》之一

　　达尔文曾称《物种起源》是"一篇绵长的论证",但它可以被分成两个更容易掌握的部分。第一部分考察的是:现代的生物是产生自演化,还是产生自特别的创造?达尔文为演化论做出了辩护〔不过他使用的表述是"后代渐变"(descent with modification),而不是"演化"。"演化"一词是在达尔文的书于1859年出版后不久才开始使用的〕。根据演化论,地球上的各种生物——树木和花朵、蠕虫和鲸鱼——源自共同的祖先,这些祖先在外观上迥异于现代的后裔。达尔文反对特创论。根据特创论,现代生物的祖先在外观上与这些生物极为相似,而多种多样的现代生物拥有特别的、而非共同的起源。宗教版本的特创论还主张:上帝以超自然的方式创造出每一种生物。达尔文反对特创论,但不反对宗教;他否认物种有不同的起源,但不否认上帝的存在。

　　《物种起源》的第二部分探讨了推动演化的过程。达尔文认为，"自然选择"的过程推动了演化。在书中，这两个论证（一者考察演化论，另一者探讨自然选择）是交织在一起的。《物种起源》的前几章（特别是第三、四、六、七、八章）侧重于自然选择，后面的章节（第九至十四章）侧重于演化，不过这两个主题在每一章都出现了。

《物种起源》的前两章探讨了遗传和变异。遗传是指后代在某些方面与父母相似：身高较高的父母往往会生育出较高的后代。在达尔文之后，人们发现了遗传的生物学机制。现在我们知道，遗传是由基因和DNA导致的。但在达尔文的时代，遗传的机制仍是一个有待解决的难题。变异是指一个总体（或一个样本）内的个体差异。从下面的选段中可以看出，达尔文倾向于说"变异"（variability），而现代生物学家会说"变异"（variation）。不管是哪一个，这些术语均与时间无涉，都是指一个物种内部存在的各种形态。就此而言，人类在体型、人格、肤色等方面表现出变异。在口语中，这一般被称为"多样性"（diversity），由动词vary派生出来的词通常是指随时间发生的变化。生物学家用"变异"来指称在任一时间点上的个体间差异，而用"多样性"来指称不同物种间的差异。"生物多样性"是指全部的生命，从微生物到珊瑚礁，再到热带雨林。

达尔文的书以遗传和变异为起点，因为此二者是他整个理论的基础。达尔文的理论依赖于遗传：如果一个物种的新形态（即"变种"）没有得到遗传，演化就不会发生，自然

p.7

选择也不会起作用。为了论证遗传和变异的存在，达尔文以农作物的变种和鸽子的培育为证据，这些材料并不是向现代读者介绍该理论的最佳方式。如今的作者会转而论述遗传学。我们现在对演化的理解与达尔文自己的理解之间最大的区别就在于遗传。抽象地看，达尔文的论证无懈可击。他只需要表明：遗传以某种方式发生，并且变异存在。不过，他为这两个主题提供的具体材料已经过时了。

达尔文在第三章和第四章引入了自然选择理论。他首先把他之前关于遗传和变异的材料与他即将探讨的理论联系起来，继而预告了自然选择理论。

在论述本章主题之前，我先评论一下生存斗争在自然选择中的重要性。上一章已经表明，自然状态下的生物会有变异。我之前确实不知道这一点还存在争议。许多不确定的形态究竟应该被称为物种还是亚种或变种，对我们来说并不重要。英国的植物中有两三百个不确定的形态，把它们归入哪个层次并不重要，只需承认存在明显的变种即可。然而，变异和少数明显变种的存在虽然是本书的必要基础，但还是无助于我们理解物种是如何在自然中产生的。一个器官对于另一个器官或对于生活环境的精巧适应，以及一种生物对于另一种生物的精巧适应，是如何臻于完善的？我们很容易在啄木鸟和槲寄生中看到这种美妙的共同适应，还可以在黏附于兽毛和鸟羽的低等寄生虫中、在潜水的甲虫中、在靠微风传播的带绒毛的种子中看到。总之，我们在自然界的每个角落都能看到这种美妙的适应关系。

我们还可以问：那些被我称为"初期物种"的变种，如何最终转变为良好的、明确的物种（而在大多数情况下，这些物种之间的差异，要比同一物种内各个变种之间的差异显著得多）？一组一组的物种构成了不同的属，而不同属物种之间的差异要比同属物种之间的差异大得多，这又是如何出现的？所有这些都是生存斗争的必然结果，我们将在下一章中更详细地表明这一点。根据这种生存斗争，一处变异，不论多么微小、不论原因何在，只要有利于某一物种内的某个个体，能在该个体与其他生物以及与环境的复杂关联中给它带来好处，那就有助于该个体的生存，并且一般会遗传给后代。这些后代因此也会拥有更多的存活机会，因为任何物种周期性地产生的大量个体当中，只有少数能存活。这条"任何有利的微小变异都得以保存"的原理，我称之为"自然选择"，从而显示出它和人工选择的关系。p.9我们已经看到，人工选择确实能够带来丰硕的成果，通过积累那些源于大自然的微小而有利的变异，我们能够让生物适应人类的需要。但是，我们接下来会看到，自然选择是一种无时无刻不在发挥作用的力量，相形之下人类的力量何其渺小，正如人类的艺术无法与大自然的鬼斧神工相媲美。

这段引文首先区分了演化和自然选择（我把它们称为《物种起源》的两个主要论证），继而论证了变异及其与更高群体的关系。

生物学家把生物划分为位于不同层级的群体。如"动物"和"植物"这样的群体位于最高的层级，而"脊椎动物""哺乳动物""灵长目动物""猿类"和"人类"等群体则依次位于更低的层级。物种（人类就是一个物种）往往是位于最低层级的群体。然而，达尔文提到了两个更低的层级——亚种和变种。这两个范畴的区别不大，都是指一个物种内有着明晰差异的群体。他更多使用"变种"这个词。犬种（例如贵宾犬、㹴犬等）或地理种就是变种。物种之上的层级是属。例如，人属既包括人类，也包括一些业已灭绝但与人类有着密切关联的物种。

变异——我们在两个生物个体之间所观察到的种种差异——是最小规模的变异。"变种"表现出了更大的差异：两只㹴犬仅在某些细节上有所不同，但梗犬明显不同于圣伯纳犬。变异对达尔文来说很重要，因为它削弱了特创论的可信度。认为物种出自特别创造的人往往也认为每个物种都是独特的生命形态，与其他生命形态有着明晰的差异。然而，不同的变种（例如鸽子的不同品种）表现出了一系列或大或小的差异。两个变种在某些方面可能很相似，在某些方面则有所不同，在某些方面甚至比两个已经得到确认的物种还要有所不同。因此，认为每个物种都是独特的，这只是一种天真的想法。如果仔细观察，就会发现物种内的变异与物种间的差异没有分明的界限。一个特创论者如果试图确切说明哪些生物出自特别的创造，那么很快就会一头雾水。到底是物种、变种还是变异出自特别的创造？由于程度不一的差异混杂在一起，所以任何答案都会显得过于武断。生物并不以截然不同的形态而存在。

变异在自然选择理论中也很重要。在引文中，达尔文概述了这个难题，尤为瞩目。他提出了两个问题：如何解释适应？如何解释持续的演化？任何试图对演化的动力做出解释的理论都需要通过这两个检验。如果不能解释适应和持续的演化，这个理论就是不完备的。

适应是生物学的一个基本课题。"适应"一词在达尔文（和现代生物学家）那里是一个专业术语，稍稍区别于该词在口语中的用法。在口语中，"适应"通常指的是随着时间发生的变化。我们会说某人正在"适应"一项新的工作——也就是说，该人如何调整自己的行为，使之符合新的环境。

可达尔文所谈到的"精巧适应"指的是诸如手、眼这样的精致结构，它们在生物的生命中承担着重要的功能。例如，眼睛拥有一个由晶状体和感光细胞组成的光学结构，因此能够形成视觉。眼睛就是适应的一个例子。适应指的是在生命中承担重要功能的任何身体部位（或其行为）。

适应是一种不寻常的、高度非随机的自然现象，不会自动地或随机地出现。它需要得到解释。在达尔文之前，许多人用上帝的超自然活动来解释它。事实上，自然界中的适应为上帝的存在提供了一项重要的哲学证明——设计论证明。达尔文的自然选择理论则让我们无须设定上帝的存在，至少无须用它来解释自然界中的适应。

自然选择确实成功地解释了适应，上述引文扼要表明了这一点（我们将在第二章和第三章中进一步看到这一点）。虽然人们也提出过很多其他理论来解释演化，但其中大多数都未能解释适应。例如，自达尔文以来，一些生物学家提出，演化是以跃进的方式进行的，由罕见的大规模基因变化（有时被称为"宏突变"）所驱动。DNA的变化并不会特别倾向于产生适应，这些变化可能好也可能不好（事实上，对于适应良好的生物，大规模的变化很可能带来糟糕的结果）。基于宏突变的演化理论无法解释适应，而在达尔文看来，它没通过第一重检验。

从某种程度上来说，现代生物学家不太强调达尔文所提出的第一重检验，即能否解释适应他们比达尔文更强调随机的演化性变化。如今人们认为有两个主要的过程导致演化性变化：自然选择和随机的遗传漂移。也就是说，演化不仅像达尔文所主张的那样由自然选择所驱动；如果一个基因（或一段DNA）的两个版本同等地好，而其中一个在一代代的繁殖过程中比另一个更幸运，那么演化也可以随机地发生。之所以会转而强调随机的演化性变化，是因为发现了DNA。达尔文只了解生物体的可见特征，并在这个层面上讨论演化。生物体的几乎所有可观察到的宏观特征都属于适应。因此，它们几乎肯定是通过自然选择而演化出来的。随机的遗传漂移则不能驱动适应性的演化——因为适应在本质上是非随机的。不过，适应性的演化只占DNA中的演化性变化的一小部分。在一个人的DNA中，大概只有5%真正编码了他/她的身体。其他95%可能（尽管还不确定）主要是"垃圾DNA"——从父母那里复制给后代的DNA，不会造成任何危害，但基本上没什么用。这种垃圾DNA的演化是非适应性的、随机的。它不可能是适应性的，因为它没有编码身体的任何部分。

和达尔文相比，我们如今更强调随机的演化，这是因为我们现在主要从DNA的变化来考虑演化。如果达尔文像我们现在一样了解DNA，他很可能会同意演化的动力主要是随机的过程，而不是自然选择。例如，人类和小鼠的DNA序列现在几乎完全被破译了。大约一亿年前，我们与小鼠的共同祖先匍匐在恐龙的阴影之下，自此以后，总数约为30亿个碱基对的人类DNA，其中的1/6（即5亿个碱基对）发生了变化。粗略估计，只需大约2500万个碱基对发生变化（甚至更少），就足以把这个古老的哺乳动物变成人类，其中的大部分变化都由自然选择所驱动。而大约4.75亿个变化均由随机的演化所导致。自然选择仍然解释了为什么我们的身体演化得如此精巧，但随机的演化过程现在必须得到我们的高度重视。这不同于达尔文当时的情况。

达尔文所提出的第二个问题是——也是针对演化理论的第二重检验——如何解释演化性变化。具体地说，任何演化理论都必须能够解释生命的全部多样性。如果一个理论只能解释小范围的演化，或者演化的模式不同于我们在地球上所见到的模式，那它就是不完备的。生物被划分为不同的层级（物种，属等），反映出生物多样性的层级模式。造成这种模式的原因很可能是不同的生物在演化的过程中往往会随着时间而渐行渐远。具有较近共同祖先的不同生物仍然比较相似，具有遥远共同祖先的生物则变得相当不同。因此，达尔文一直在寻找一种理论，其中不同的生物会随着时间而渐行渐远甚至可能相互排斥。这番寻找奠定了达尔文关于"生存斗争"的诸多评论。达尔文的想法在当时独树一帜，他认为相较于种族间或物种间的竞争，种群内部的个体间竞争才是最激烈的。我们将在下一章看到，这引导他提出了"性状分歧原理"，该原理回应了他的第二个问题。

值得注意的是，在引文的结尾，达尔文指出了自然选择与人工选择的联系。通过选育高产奶量的奶牛和羽毛艳丽的鸽子，人们培育出了驯养的品种。达尔文相当熟悉这个话题，在思考自然选择的时候，他多次用人工选择来类比。现代作家很少以这种方式来引入自然选择理论，很可能是因为如今人们对此比较陌生。但达尔文的读者很快便可领略到科学与农业的"亲密关系"。

在达尔文的时代，他的演化理论和自然选择理论得到了各式各样的回应。演化的观点——物种会随着时间而变化——在过去被提出过很多次（早至古希腊的文本），此后又经历了一次次的批评、讨论和复兴。大多数生物学家都认为达尔文对演化的论证非常有说服力。在19世纪上半叶，几乎没有生物学家公开接受演化论；而到了19世纪后期，只有少数生物学家公开反对演化的观点：这一变化主要归功于达尔文。虽然他和其他人对演化的具体解释有些出入，但演化论本身已经成为生物学的主流思想之一。

自然选择则是他原创的想法。在达尔文之前，确实存在一些关于自然选择的初步思考，但它们不够彻底，也没有什么影响。达尔文则发现自然选择是一股创造性的力量，可以解释几乎所有的生命演化，在他之前根本没人这样想过。当达尔文提出了自然选择理论，人们不是反对就是无视，很少有人表示理解。生物学家在20世纪上半叶才开始逐渐重视自然选择理论。直到1950年左右，人们才普遍承认该理论是对演化的解释。

值得一提的是达尔文在19世纪30年代末就想出了自然选择，但他当时没有声张，而是准备就这一主题慢慢写出一本鸿篇巨制。可是在1857年，他收到了阿尔弗雷德·拉塞尔·华莱士（Alfred Russel Wallace）的一封信，后者提出了几乎同样的想法。华莱士（1823—1913）也是英国的一位博物学家，他和达尔文一样，也曾游历全球。华莱士从马来西亚半岛写信给达尔文。他的信敦促达尔文迅速行动。1858年，达尔文和华莱士联合发表了一篇论文，首次将自然选择演化论公之于众，但并未引起关注。与此同时，达尔文开始用一本书的篇幅来论述该理论，他将此书称为原来那本"物种巨著"的摘要。这份摘要就是《物种起源》，它不仅没被忽视，还引起了轰动。华莱士总是慷慨地将发现和提出自然选择演化论的功劳归于达尔文；不过值得铭记的是尽管必须承认达尔文的原创，但随后不久也有人产生了大致相同的想法。

2

自然选择

《物种起源》之二

　　一切生物都倾向于快速繁衍，所以不可避免地就出现了生存斗争。每一种生物在其自然的一生中，都会产生一些卵或种子；如果它在生命的某个时期、某个季节或某一年没有遭到毁灭，那么根据几何级增长的原理，它的数量就会迅速增多，以至于超过了环境的承载范围。由于产生的个体多过可能存活下来的数量，所以总要出现生存斗争，要么是同一物种的个体间斗争，要么是不同物种的个体间斗争，要么是个体与自然环境的斗争。这是将马尔萨斯的学说更苛刻地应用于整个动物界和植物界，因为在这种情况下，既没有人为地生产更多的食物，也没有谨慎地限制婚配。虽然目前某些物种的数量增加得相当快，但不是所有的物种均如此，因为世界无法承载它们。

每一种生物都自然而然地快速繁衍，如果没有遭到毁灭，仅一对生物的后代也会很快遍布整个地球——这条规律放之四海皆准。

从上面的论述中可以得出一个重要的推论，每个生物的结构在本质上（尽管并非显而易见）都与其他一切生物的结构有关系，它们或是为了食物或领地而彼此竞争，或是避开对方，或是以对方为猎物。老虎的牙齿和爪子的结构体现了这一点，黏附于老虎毛发的寄生虫的腿和爪的结构也体现了这一点。蒲公英的美丽的羽毛状种子，水甲虫的扁平且边缘有毛的腿，乍一看似乎只与空气和水有关系。然而，羽毛状种子的长处无疑与布满其他植物的地面有着最密切的关系，这样的种子可以散布得更广，落在空旷的土地上。水甲虫的腿的结构很适合水下潜行，使它能够与其他水生昆虫相竞争、捕食猎物或躲避其他动物的捕食。

许多植物的种子中储存的营养物质，乍一看似乎与其他植物没有任何关系。但是，当我们把这样的种子（如豌豆和蚕豆）播种在杂草丛生的土地上时，它们的幼苗就会茁壮生长，因此我认为种子中的营养物质的主要用途是加快幼苗的生长，同时与周围生长旺盛的其他植物进行斗争。

性状分歧

我所谓的"性状分歧"原理在我的理论中非常重要，我认为它解释了几个重要的事实。我认为这个原理能够、也确实非常有效地适用于自然界，因为情况很清楚：任何一个物种的后代如果在结构、体质和习性方面越是多样，就越能占据自然界的各个角落，并能增加数量。我们应该记住，一般而言，那些在结构、体质和习性上彼此最相似的类型面临着最激烈的竞争。因此，所有介于较早的和较晚的状态之间的中间类型，即介于改进较少和改进较多的状态之间的中间物种，以及最初的原始物种本身，一般都会趋于灭绝。

一个种群只要满足以下条件，自然选择就会在它当中发挥作用。第一，一个种群的某些个体不同于该种群的其他个体，亦即该种群内部出现了变异。第二，后代一般相似于它们的父母，亦即存在遗传。第三，种群内某些个体类型所产生的后代多于平均水平。在一个满足这些条件的种群内，下一代将包含更多在上一代中繁殖成功的个体类型。自然选择驱动了演化性变化，并且朝着更强的适应性进行；也就是说，繁殖成功的个体类型会是那些最适应当地环境的个体类型。

到目前为止，这番论证在逻辑上是融贯的，但还不够完备。达尔文不仅需要表明自然选择能够发挥作用，还需要表明自然选择是如此普遍、如此强大，足以解释每一种生物的各方面适应，也足以解释生命的全部多样性。毕竟，批评者或许承认自然选择能够发挥作用，但否认它的重要性，声称它仅仅解释了适应性演化的一小部分。时至今日，一些批评者仍然这么认为。

达尔文从生态学的角度来论证自然选择的普遍与强大。达尔文的论证指出了生物如何关联着外部环境中的资源与其他竞争对手。[生态学（ecology）是研究生物与其环境之间关系的科学，这个词在当时还不存在。它是达尔文的追随者、德国人恩斯特·海克尔（Ernst Haeckel）在1873年创造的，不过直到20世纪中叶才被广泛采用] 达尔文将马尔萨斯的"人口原理"推广至所有的生物。托马斯·罗伯特·马尔萨斯（Thomas Robert Malthus，1766—1834）曾在1798年至1830年期间发表了多个版本的《人口原理》（*Essay on the Principle of Population*）。马尔萨斯认为，人口的增长速度往往超过食物的供应速度。在达尔文的时代，许多人都读过马尔萨斯的《人口原理》。达尔文本人也在他的自传中回忆道：自己在19世纪30年代末偶然读到了这本书。正是这次日常的阅读启发了达尔文构想出自然选择理论。

达尔文意识到：不只是人类，一切生物的繁衍速度往往都会超过食物的供应所能承受的范围。结果便是为了存活而相互竞争，达尔文称之为"生存斗争"。他解释道："斗争"

p.20

是一个比喻，在多数情况下并不表现为肉搏的形式。在每个物种内部，每一代当中只有少数的后代能够存活。至于个体需要通过怎样的竞争以存活下去，这取决于该物种的生活方式。肠道中的细菌、礁石上的珊瑚和丛林中的猴子会采用不同的竞争形式。达尔文讨论了槲寄生的种子为了得到鸟类的啄食和传播而如何相互竞争以及如何与其他植物的种子竞争，由此澄清了"斗争"一词的含义。种子之间显然不存在肉搏，但存在一种比喻意义上的斗争。

达尔文论述生存斗争的章节有两个目的。第一，他想说服读者：生存斗争导致了自然选择。这又解释了为什么我们会在生物中看到适应性特征，以及为什么会出现演化性变化。第二，他也想说服读者：尽管大自然在表面上风平浪静，但生存斗争是很普遍、很激烈的。他曾提出一个著名的比喻："大自然仿佛拥有一个柔性的表面，上面紧密排列着无数的楔子，它们承受着持续的敲击，有些力量更大的敲击会让一些楔子嵌得更深。"这里的"楔子"就是大自然中不断繁衍、相互竞争的生物，紧密排列的楔子构成了大自然的秩序，生物的不断繁衍与相互竞争则意味着这种排列往往会越来越紧密。

达尔文同样敏锐地察觉到了物种之间的生态关系网。在这方面，他最著名的分析是关于三叶草、熊蜂（为三叶草授粉）、老鼠（吃熊蜂的巢穴）和猫这四者之间的关系。如果许多爱猫人士搬迁至一个地区，这可能会影响当地的三叶草数量。按照达尔文的生态学观点，每个物种产生的后代数量都远远多于能够存活的数量，这至少在每个物种内部引起了激烈的竞争，也在不同物种之间引起了程度较轻的竞争。此外，每个物种都与其他许多物种相关联，这可能会（经由生态关系网）造成微妙的、出人意料的压力。通过这种方式，达尔文能够具体地解释每个物种的适应性特征。

p.21

如果对生存斗争仅有粗浅的认识，你诚然可以理解为什么老虎拥有利齿和利爪，但只有全面地考察过一个生物的生态关系网，才能理解为什么它拥有一些更微妙的适应性特征。例如，种子的大小反映了亲本为其提供了多少养分。拥有更多养分的种子可以生长得更快，比其他种子获得更多的阳光，在一片已经布满植物的土地上比其他种子占据更多的生长空间。对达尔文来说，生态关系网和竞争的各种形式是理解大自然中一切适应性特征的关键。

达尔文的生态学观点在他的时代是很新颖的。同时代的其他人并未以相同的方式来探讨这个主题，主要因为当时大多数生物学家接受的是医科教育。他们更了解尸体的解剖结构，不太了解活物。他们没有看到：每个物种都与自然环境中的其他物种和因素共同组成了一张关系网。达尔文则看到了每个物种如何适应与天敌（如寄生虫）、竞争者和资源的互动。达尔文的观点如今已经成为正统。自然类的电视节目一般都会或多或少按照达尔文的观点来解说。作为一门学科的生态学可以溯源到《物种起源》的第三章。一本标准的现代大学生态学教材的作者甚至半开玩笑地说，他们想逐字逐句地重印达尔文的这一章，把它用作教材的第一章。哪怕达尔文没有提出演化论，他也会作为生态学的奠基者而被世人铭记。

p.22 　　现代生物学家也像达尔文一样，从生态竞争的角度来理解大自然中的适应形式。事实上，在关于适应的科学研究中，主流的趋势就是深化与推广达尔文的推理，而不是大幅修改。例如，达尔文讨论了从种子到幼苗的生长阶段，不过竞争在此之前就出现了。在种子产生之前，卵子必须受精，而这又需要花粉首先掉落在植物的雌性器官上。每个花粉粒都会长出一根通向卵子的"花粉管"。当花粉管抵达卵子，它可以从花粉粒中传递出雄性DNA，受精就发生了。然而，事情并非如此简单。任何一株植物都有可能获得来自多株植物的花粉。这些花粉粒都有可能长出通向同一颗卵子的花粉管。结果便是花粉粒之间的竞争，此时种子还未产生。花粉已经演化出快速生长花粉管的适应性特征，甚至演化出一种抑制其他花粉管生长的能力或其他"阴招"。

　　花粉必须通过传粉昆虫才能到达目的地（暂且不论那些利用风或水来传播花粉的植物）。为了争取昆虫的注意，植物生长出五颜六色的花朵，并用花蜜来奖励那些逗留的昆虫。生物学家现在认为花朵是一种适应性的结构，类似于雄鸟（如雄孔雀）的华丽羽毛。本书的第九章讨论了达尔文关于这个主题的思考。

我们已经看到达尔文对自然选择的探讨始于两个问题，它们对应着演化理论必须通过的两个检验：它是否解释了适应？它是否解释了生命的"树状"多样性？我目前为止考察了达尔文对适应的论证，它大概是两者当中更为人熟知的。p.23现代生物学家关于适应和生态竞争的思考与达尔文的思考大致相同。达尔文对多样性的论证则或许比较陌生。这个被他称为"性状分歧原理"的论证在他看来显然非常重要。它在《物种起源》中的篇幅与论述适应的篇幅一样多。达尔文在19世纪30年代末第一次构想出自然选择时，就立即意识到自然选择将如何解释适应。他在19世纪40年代初写了两篇关于自然选择演化论的文章，虽然文章没有发表，但手稿保存了下来。我们可以看到，达尔文于1840年建立的理论跟他于1859年在《物种起源》中最终发表的理论几乎相同。一个重大的差异在于：写于19世纪40年代的文章没有"性状分歧原理"。达尔文在自传中提到：通过提出性状分歧原理，他填补了自己理论中的主要漏洞。因此，如果不理解性状分歧原理，就不可能理解《物种起源》。

达尔文问道：为什么演化的路线会出现分歧——为什么支系会不时出现，并随着时间而渐行渐远？这种分歧反映在生物的分类系统中。18世纪的瑞典博物学家卡尔·林奈［他的签名用的是拉丁文卡罗勒斯·林尼厄斯（Carolus Linnaeus）］发明了一套层级的生物分类系统。用达尔文的话说，这套系统是"群体嵌套群体"：若干物种被归入一个属，若干属被归入一个科，以此类推。而如果演化的路线随着时间而出现分歧，这套模式就会出现。同属的各个物种拥有一个较近的共同祖先，它们之间的分歧较少。同科的各个属则拥有一个较远的共同祖先，它们之间的分歧较多。达尔文问道：是什么导致了这套普遍的分歧模式？为什么物种经过一定程度的演化之后，彼此的分歧不会保持不变？或者说，为什么物种经过一段时间的演化之后，不会又变得相似于彼此？

生物的层级系统（林奈发明的这套大群体嵌套小群体的模式）是19世纪初生物学的一大主题。它在当时是一个争论激烈的话题，这在一定程度上导致达尔文执着于对它进行解释。一些现代生物学家认为，演化的树状分歧模式几乎是必然的。如果地球上的一切生命都只有一个共同的祖先，那么此后的演化不论如何进行，最终差不多都会呈现出树状分歧的模式。但也存在着某些达尔文并不知晓的例外。完全不同的演化支系可能会结合在一起，就像一棵树的两条枝干长在了一起，然后成了一条枝干。在演化过程中的某些时刻，两种生物融合成了一种生物。在人体的每个（或几乎每个）细胞中，DNA存在于两个地方。大部分的DNA都在细胞核中，但一些DNA也存在于细胞内的线粒体中。原因在于：线粒体起源于一些曾经自由活动的细菌，这些细菌在大约20亿年前入侵了其他细胞或是被其他细胞吞噬。结果就出现了一种包含着小细胞的大细胞，而一切动物（包括人类）都起源于这次融合事件。因此，演化并不总会出现分歧——但它通常如此，所以还是有必要去了解达尔文对为什么会出现分歧的论证。

达尔文的性状分歧原理涉及竞争的相对强度。以知更鸟为例，它既要和其他知更鸟竞争，也要和关系较远的其他生物（如蜥蜴、鱼、昆虫或植物）竞争，而我们可以考虑这些竞争的相对强度。相近生物间的竞争通常会更激烈，因为它们争夺类似的资源。一只鸟会与另一只鸟争夺食物（如种子或昆虫）或巢穴，但一只鸟不会与植物争夺阳光，也不会与大型食肉动物争夺猎物。在拥挤的环境中，避免竞争的方法就是由相近的生物演化成不同的生物。达尔文认为，一个物种内不同变种间的竞争会导致它们出现更大的分歧，直到成为不同的物种。随后，这两个物种间的竞争会驱使它们进一步拉开距离，直到成为两个属。性状分歧原理驱使着所有的演化支系拉开距离，导致了演化在宏观尺度上的树状模式。

达尔文对竞争的思考很独特。他认为竞争主要是物种内部的过程，发生在一个种群内部的个体之间。同时代的一些人也思考过竞争及其对生命的影响，但他们一般认为竞争发生在物种之间，或发生在一个物种内部的种族之间。他们没有想到个体通过竞争来繁衍后代，而达尔文想到了这一点。事实上，同样发现自然选择的华莱士似乎也认为竞争发生在变种之间，而非个体之间。这一点很重要，因为只有参照一个种群内部的个体之间的竞争，才能理解生命的许多特征。在第九章中，我们将看到达尔文如何把"物种内竞争"的概念推广至他的性选择理论。

关于性状分歧原理的讨论与物种的起源密切相关。在20世纪，逐渐有一些人半开玩笑地评论道：有一个演化论主题是达尔文在书中没有探讨的，那就是物种的起源——这让书的标题有些名不副实。但达尔文明显非常关心这个主题。他问道："变种之间较小的差异如何扩大为物种之间较大的差异？"他说得已经很直白了。不过，达尔文是从物种内竞争的角度来回答的，而20世纪末的大多数生物学家都不会给出这个答案。我们将在第四章进一步探讨这个问题。批评者之所以认为达尔文对物种的起源保持沉默，是因为他们大概忽视了达尔文的讨论，毕竟这番讨论迥异于他们自己的想法。

最后，今天的生物学家如何看待性状分歧原理？这个问题很难回答。性状分歧原理不同于适应，后者仍然是生物学家的一个研究课题，而前者没有得到持续的探讨、研究和评论。个别生物学家偶尔又"再度发现"性状分歧原理并写下相关的文章，但它没有在生物学界引发广泛而持久的关注。生物学家并未致力于解释演化在宏观尺度上的树状结构。如果你提出了这个问题，很多生物学家大概会承认达尔文的回答是一个不错的解释，但还有其他因素。而且，尽管性状分歧原理旨在解释新物种的演化，它已不再是正统的解释。

3

理论的难点

《物种起源》之三

极其完善的、复杂的器官

眼睛能够针对不同距离去调整焦点，能够容纳不同量的光，能够校准球差和色差。我坦率地承认，认为如此超凡的光学装置可以通过自然选择而形成，这似乎太过荒谬。可是理性告诉我：如果能够证明在一种完善的、复杂的眼睛和一种不够完善的、简陋的眼睛之间存在着众多渐变，并且每个渐变都对它的所有者有用；如果眼睛确实会发生可遗传的轻微变异（实际情况确实如此）；如果这种器官的任何变异或修改确实会帮助动物去应对变化的生存环境；再去认为完善的、复杂的眼睛可以通过自然选择而形成，这虽然超乎想象，但不再是一个难点。

在寻找那些使得任一物种的某个器官臻于完

善的渐变时，我们应该只关注它的直系祖先，但这几乎是不可能的。在每一种情况下，我们都不得不关注属于同一群体的其他物种，亦即同一祖先的旁系后代，以便看出哪些渐变是可能的，说不定还能看到某些出自更早阶段的、保持原样或改变甚少的渐变。在现有的脊椎动物中，我们仅发现眼睛结构的少许渐变；而从化石种中，我们无法了解这方面的情况。在这一大类中，我们恐怕只有深入到已知最低的化石层下，才能发现使得眼睛臻于完善的更早阶段。

在关节动物中，最低阶段的眼睛只是外面覆盖着色素的视神经，没有其他任何机制；后续存在着众多的渐变，沿着两条根本不同的路线，直至一个较为完善的阶段。现存甲壳纲动物的眼睛也有许多渐变。考虑到现存动物的数量远低于灭绝动物的数量，不难认为（至少不比其他许多结构更难让人认为）：自然选择把外面覆盖着色素和透明膜的视神经转变成了任何关节动物所拥有的眼睛，把一种简陋的工具转变成了更为完善的光学装置。

眼睛免不了被比作望远镜。最聪明的那批人经由长期的不懈努力，最终创造出了望远镜。我们自然会推断说眼睛也是经由类似的过程而成形

的。但这种推断岂不是太放肆了吗？我们有什么
权利去认为造物主凭着人类的理智能力来活动？

　　上文引自"理论的难点"一章。之前的章节已经说明了
支持自然选择演化论的理由。现在，达尔文开始讨论针对该
理论的主要反对意见。达尔文的特点是：他认真对待所有的
反对意见，至少是他能够想到的所有反对意见。他不会像律
师那样轻描淡写、不予理会或顾左右而言他；相反，他把反
对意见摆在明面上仔细考察。事实上，那些反对达尔文的作
家很喜欢求教于达尔文自己的著作，因为他们很快发现：达
尔文不只收录了支持其理论的理由，还收录了大量的反对理
由。可是不同于达尔文，他们无视前者的存在。达尔文是基
于不确定、不完整的材料来建构论证的，既然这是一次推
理，那么达尔文自然会考察反对的理由，以此检验自己的推
理有多可靠。

　　以达尔文所讨论的上述理论难点来反对达尔文仍然是特
创论者的套路。达尔文的理论要如何解释"极其完善的、复
杂的器官"？眼睛就是这类器官的代表，它既给达尔文时代
的生物学理论提出了一个一般性的问题，也给达尔文自己的
理论提出了一个更特殊的问题。达尔文很清楚这两点，他也
围绕它们而展开讨论。

　　这个一般性的问题是"设计论证明"，它根据自然现象
来证明上帝存在。这个证明可以追溯至柏拉图，此后又被中

世纪的基督教哲学家不断地表述和重述。在达尔文的时代，英国宗教哲学家威廉·佩利（William Paley，1743—1805）的设计论证明最为人知。达尔文当时就读于剑桥大学，而佩利的书是该校的教材。他的证明如下：我们如果发现了一个复杂的机械装置（比如钟表），就可以推断说它一定出自某个人之手（比如钟表匠）。钟表不可能是自然而然的：它不会自发地产生于大自然中的那些左右自然元素的寻常力量。观察一下钟表的各个部件（比如齿轮和弹簧的配置），你会发现它是根据某个目的而被设计出来的，即使你不知道这个目的具体是什么。我们能从复杂的机械装置推断出设计者的存在，也能从大自然中的复杂生物推断出上帝的存在。

在达尔文的时代，设计论证明是宗教的重要支撑（甚至是必要支撑），在英国尤为如此。英国是一个新教国家，英国国教无法诉诸英国圣公会与圣彼得之间的连续性来为自己正名——这种辩护方式更适用于罗马天主教国家。新教教会可以尝试采用宗教激进主义的辩护方式，即严格遵循圣经的原文并对其做出恰当的阐释。在16和17世纪，英国国教中确实有一股倾向于宗教激进主义的思潮，但由于它和共和主义的联系，1660年君主制度复辟以后就被束之高阁。一种新的辩护方式开始兴起，此即"理性宗教"——以自然现象为依据的理性论证能够说服人们接受基督教教义。佩利的证明就是一个例子。

达尔文并不是设计论证明的第一个批评者。休谟和康德等哲学家在前一个世纪就已经批评过了，尽管他们只能提供一些宽泛的反对意见。他们指出，设计论证明是不完备的。它假定没有任何自然过程可以产生像眼睛这样的器官。然而，这样的过程在原则上是可以存在的，所以钟表和眼睛之间的类比并不成立。在达尔文详细描述了产生眼睛的自然机制之后，这一反对意见的说服力便大大提高了。理性宗教终止于达尔文。

达尔文的著作中充满了对设计论证明的影射和批评。他没有具体陈述这个证明，毕竟它已经蕴含于当时的文化。可是，当代读者在受教育的过程中或许没有接触过设计论证明和理性宗教，所以有必要说明它是达尔文思考但未言明的问题之一。在上述引文后，达尔文从自然选择演化论的角度来处理设计论证明。在最后一段文字中，他一开始像佩利那样把眼睛比作一种人造的机械装置——望远镜。望远镜之所以存在，是因为有人先构想出能正常使用的整个望远镜，再把它制造出来。佩利的论证接下来指出：上帝对眼睛做了同样的事情。达尔文问道："可是我们怎么知道上帝这样做了？"继而，他根据自然选择演化论来描述这个创造过程。首先，原始眼的组成部分（比如感光组织）在不同的个体中有厚有薄，视力较强的个体留下了更多的后代，因此出现了更多拥有较强视力的个体。眼睛就这样在数百万年的时间里一点一点地成形了。在眼睛成形之前，不需要任何人进行设计。这为休谟和康德的宽泛论证提供了丰富的细节，从而推翻了设计论证明。

之所以讨论眼睛，达尔文还有一个理由（与上一个理由相关）：这类结构似乎无法通过自然选择而演化出来。在达尔文的理论中，新结构的演化要经过许多微小的步骤，其中每一步都必须比上一步更具优势。在眼睛内部，如果一个组成部分的改变能够带来优势，那么其他组成部分也得发生正确的改变。如果晶状体改变了形状，那么视网膜和晶状体周围的肌肉也得改变位置；如果入光口改变了大小，那么视网膜上的感光细胞也得发生改变……任何一处改变总是需要其他相关的改变。

然而，如果一个器官的基于自然选择的演化需要彼此独立的若干改变同时发生，那么这种演化就不会出现。刚开始发生的任何改变（如晶状体的形状）都是很罕见的，仅在一两个个体当中出现。这些个体几乎不可能在独立于第一个地方的另一个地方也出现正确的变异（如晶状体和视网膜之间的距离）。晶状体形状的改变如果没有伴随着必要的相关改变，就不会带来优势——自然选择就不会青睐这处改变。因此，眼睛似乎无法通过自然选择而演化出来。症结在于：表面上看，眼睛的多个组成部分必须同时发生彼此协调的改变。正是这一特征让眼睛成为"理论的难点"一章中的典型案例。达尔文的回答是：如果仔细思考，就会发现眼睛其实可以经过许多微小的阶段而演化出来。眼睛的所有（或许多）组成部分不需要同时发生正确的改变。达尔文观察了一

p.33

系列不同物种的眼睛。有些物种的眼睛只是一个感光点，有些物种的眼睛是针孔式照相机（可以形成图像，但没有晶状体），有些物种的眼睛则有晶状体。我们在不同的物种当中发现了大量不同的眼睛形态，这显示出人眼在演化的过程中可能经过的众多阶段。

诸如此类的比较论证并不打算确定一个器官（如眼睛）的各个演化阶段的准确顺序。达尔文所提到的"关节动物"不是人类或任何其他脊椎动物的祖先。"关节动物"这个术语如今已不太使用了。它大概指的是我们所说的"节肢动物"，包括昆虫、甲壳纲动物（如蟹、虾）和蛛形纲动物（如蜘蛛）。它们拥有作为"外骨骼"的坚硬体表，没有内骨骼。脊椎动物包括鱼、两栖动物、爬行动物、鸟和哺乳动物。它们拥有内骨骼和通常柔软的体表。一般来说，任何现代生物的眼睛都不是人眼的祖先。关于人眼的祖先，我们没有直接的证据。柔软的眼睛无法在化石中保存下来。我们就算有人类各代祖先的化石，也无法研究他们的眼睛。毋宁说，比较性的证据提供了一种宽泛的论证。它提出证据来指认眼睛的不同阶段，从而表明复杂的人眼可以从最初简陋的阶段逐步演化出来。如果有人批评说，任何比人眼更简单的眼睛都不可能存在，遑论为拥有它的生物带来优势，那么只要有证据指出简陋的眼睛确实存在并能够带来优势，就驳斥了上面这种批评。相较于能形成图像的眼睛，一块能感光的皮肤确实是一种相对落后的光学装置，但它仍然可以为拥有它的生物提供或许攸关生死的信息。

　　还可以用一种更理论性的方式来表明一个复杂的器官可以逐步演化出来。我们或许没有比较性的证据来指认其他生物身上的这一器官，但可以想象出这一器官可能经过的一系列演化阶段，其中每一个阶段都带来了优势。在这方面，有人提出了一个基于工学模型的正式论证。即使没有比较性的证据来指认更简陋的眼睛，我们也能想象到：最简陋的眼睛是由感光细胞组成的。可想而知，视敏度（分辨两个物体的能力）的提高能够带来优势。在眼睛的早期演化阶段，拥有它的生物或许可以粗略地分辨来自不同方向的物体，但无法分辨距离更近的两个物体。而感光细胞在分布上的改变可以提高视敏度。如果这些细胞向内形成一个 U 形凹陷，那么动物就更容易分辨周围物体的方向。这样一来，自然选择将会青睐感光细胞层从平面到凹陷的转变。在过去，感光细胞层呈平面的生物也许经历过一系列的随机突变，导致有些生物的感光细胞层范围较大，有些则较小，有些生物的感光细胞层轻微向内凹陷，有些则向外突出，等等。在所有这些随机的改变当中，自然选择将会确认哪一种是感光细胞的最佳分布。

　　之所以可以在理论上研究这些改变的顺序，是因为我们可以通过一个工学模型去测量眼睛和原始眼在各种可能形状下的视敏度。然后我们可以看一看：在各个阶段，有没有可能找到某个提高视敏度的微小改变。在本章引文的开头，达尔文暗示了这类理论性的论证，而它之后得到了更充分的发

p.35

044

展。20世纪90年代初的研究表明：人眼可以从最初的一个感光细胞经过一系列微小的阶段而演化出来（在理论上，这些阶段可以无限地小）。因此，眼睛其实并不要求若干彼此协调的改变同时发生，也就不构成一个难点。眼睛的演化可以逐步地进行，每一处改变本身就能带来优势。

可以用这种方式来探讨的器官不只包括眼睛。一般而言，达尔文总结道："在认定一个器官不可能经过某种渐变而形成时，我们应该非常谨慎。"就大多数器官而言，有比较性的证据来指认其更简陋的起始阶段。不过，即使我们拿不出比较性的证据，也想不出更简陋的起始阶段，这也不意味着这种更简陋的阶段就不存在。也许只是我们孤陋寡闻。研究一致表明：如果考察一下这个问题，就能发现一系列过渡性的阶段导向了某个复杂的器官。达尔文关于"极其完善的器官"的基本论证仍然成立。

关于眼睛演化的现代研究也阐明了达尔文的另一个观点。乍一看，眼睛的演化过程似乎需要太多的改变，以至于不得不耗费一段漫长到不可能的时光（因为每一处改变都是通过一个微小的随机突变而发生的，之后自然选择不得不将这个突变扩散开来）。但事实上，是我们的想象力太贫乏了。之前提到的那个90年代的研究表明：眼睛演化的整个过程可能需要大约50万代。从演化的角度来看，这是一段很短的时间。地球上的演化已经进行了大约40亿年，而许多生物的世代时间都不超过一年。在本章的引文中，达尔文说：眼睛的演化"虽然超乎想象，但不再是一个难点"。他在其他地方也说过，这类问题考验的是想象力，而不是理性。

想象力的贫乏一部分是由于演化所持续的时间远远超出了人类的经验，一部分是由于我们往往会低估自然选择的威力。自然选择是日积月累的，所以威力巨大。在复杂器官的演化过程中，第一个阶段一旦确立起来，就会成为后续改进的起点。例如，一旦演化出了向内凹陷的感光细胞，用液体去填充这个凹陷就有可能带来优势；之后，晶状体或许会取代一部分液体。因此，晶状体不是自己演化出来的。它不是在感光细胞层呈平面的时候演化出来的。仅当眼睛的大部分结构已经出现了，它才开始演化。对于像眼睛这样的复杂器官，一步到位的演化几乎没可能。可如果演化是逐步进行的，其中每一步都在已有的基础上进行改进，那么演化出这些器官的可能性就大大增加了。达尔文关于"极其完善的器官"的探讨让我们明白了渐进工程的威力。

4

杂种状态与生物多样性

《物种起源》之四

博物学家普遍认为，物种在杂交时被专门赋予了不育的性质，以阻止生物之间的混乱。这个观点初看之下似乎挺有道理，因为同一地区的物种如果能够自由杂交，就很难明确地区别于彼此。我认为，一些已故作者大大低估了杂种不育的重要性。这个事实对于自然选择理论来说尤其重要，因为杂种的不育性不可能给它们带来任何优势，所以不可能通过接连不断的、不同程度的、有利的不育性的持续积累而被获得。然而，我希望能够表明：不育性不是一种被获得或被赋予的性质，而是随着其他被获得的差异而附带出现的。

根据目前给出的几条规律（它们支配着首次杂交的和杂种的能育性），我们发现：确实不同的物种在彼此结合时，有的根本无法繁育，有的正常繁育，甚至有的在某些条件下过分地繁育；它们的能育性，除了受到有利条件和不利条件的显著影响之外，有着先天的差别；首次杂交的能育性与由此产生的杂种的能育性在程度上绝不总是相同的；杂种的能育性无关乎它们在外形上与父本或母本的相似程度。

这些复杂而奇特的规律是否表明：物种被赋予了不育性，只是为了阻止它们在大自然中变得混乱？我认为不是的。否则，既然我们必须认为各个物种之间的界限都同等重要，那么当它们杂交时，为什么不育的程度呈现出巨大的差异？为什么不育的程度在同一物种的个体当中有着先天的差别？为什么有些物种杂交很容易，却产生了几乎不育的杂种，而有些物种杂交很困难，却产生了相对能育的杂种？为什么同样两个物种之间的正反交往往导致如此不同的结果？甚至可以询问，为什么允许杂种的产生？先是赋予物种以产生杂种的特殊能力，之后又用不同程度的不育性来阻止它们进一步繁衍，而不育的程度与父母首次结合的难易程度无甚关联——这样的安排似乎很奇怪。

作为一个相当有力的论证，或许可以主张：

物种和变种之间一定存在着某种本质上的区别，而之前的讨论一定犯了什么错，因为哪怕是外形悬殊的变种都能十分顺利地杂交，并产生完全能育的后代。

外形悬殊的众多家养变种（如鸽子或卷心菜）都能正常繁育，这是一个显著的事实；考虑到彼此十分相似的众多物种杂交后却根本无法繁育，上述事实就更加瞩目了。

达尔文在《物种起源》中用一章的篇幅来讨论"杂种状态"。杂种状态指的是两个不同物种杂交所导致的结果。通常，两个物种无法产生杂种后代，或者可以产生但杂种后代本身无法繁育。现代演化生物学家对这一章特别感兴趣，因为它与物种的起源息息相关。许多（甚至全部）现代生物学家都是从交配繁育的角度来定义物种的：一个物种是一群能够交配繁育并且不与其他物种成员交配繁育的生物。根据这一定义，人是一个物种（学名为 Homo sapiens），黑猩猩是另一个物种（学名为 Pan troglodytes），因为人与人繁育后代，黑猩猩与黑猩猩繁育后代，但人不与黑猩猩繁育后代。在新物种的演化过程中，丧失与另一群生物交配繁育的能力是一个关键事件。曾经有一个祖先种；斗转星移，其中一些成员不知何故演化出了区别于其他成员的生殖特性——一个物种由此演化成了两个。

p.39

然而，在达尔文看来，"杂种状态"——两个物种之间或两个不同变种之间交配繁育而产生杂种——与新物种的起源并没有如此密切的关联。能否交配繁育对于物种的自然存在很重要，他当然明白这一点。事实上，引文的第二句话就说了：如果物种可以自由交配繁育，它们就很难作为独特的生命形态而存在。早在达尔文之前，人们已经从交配繁育的角度来定义物种。例如，英国博物学家约翰·雷（John Ray）将物种明确地定义为进行交配繁育的单位，而他写作于17世纪后期。达尔文知道这一传统观点，但他似乎并没有把物种单纯视为进行交配繁育的单位。人与黑猩猩的区分不仅在于无法交配繁育，还在于外观上的差异。相较于现代生物学家只关注能否交配繁育，达尔文对物种的理解大概更灵活、更宽泛。在第二章中，我们看到了达尔文如何探讨物种的分歧：相似生物之间的竞争逐渐把它们分离开。对达尔文来说，演化出不同的形态与丧失交配繁育的能力在物种的起源中同等重要。杂种状态在关于物种形成的现代观点中处于决定性的地位，但对达尔文来说，它只是物种形成过程的其中一个部分。

p.40

因此，在阅读关于杂种状态的段落时，我们既能看到达尔文的关注点，也能看到现代生物学家的兴趣所在。这两种"解读"未必泾渭分明：达尔文在一定程度上明白关于物种的现代观点，而达尔文自己的关注点仍然很吸引人。不过，为了方便起见，我们还是逐个考察这两种解读。

首先，达尔文自己的论证是什么？在第一段引文的最后，达尔文说道：他意在表明物种之间的不育性"不是一种被获得或被赋予的性质，而是随着其他被获得的差异而附带出现的。"可以将此处的"被获得"解读为"演化出"，具体就是"通过自然选择而演化出来"。（我之前说过，除一处例外，达尔文在《物种起源》中并未使用"演化"一词。他用了别的词语，这里他用了"获得"。）因此，杂种不育不是通过自然选择而演化出来的。理由在于，自然选择青睐那些有助于生物存活与繁殖的特性，不育性却阻止生物繁殖。自然选择会减少甚至消除不育性，不会把它创造出来。因此，诚如达尔文所言，杂种不育对于他的理论来说"尤其重要"。要知道达尔文正在提出一种关于生命的理论，而按照这一理论，生物的不同特征都是通过自然选择而演化出来的。可是这里我们遇到了生物的一个特征，它对于物种的存在而言至关重要，却不能通过自然选择而演化出来。用达尔文的话来说，不育性不是一种适应。达尔文在这一章中有两个目的，一是表明不育性不具备真正的适应所具备的特性，二是解释不育性是如何演化出来的，尽管它为生物的适应带来劣势。第一个目的还照顾到了达尔文的另一个目的——表明不育性不是杂种"被专门赋予的"性质。达尔文在这里指的是特创论的观点。

在达尔文写作的年代，大多数博物学家认为各个物种都出自特别的创造。无论这种创造的机制是什么，杂种的不育性都是有道理的，否则物种很快就消失了。因此，不育性是一种有利于物种的适应，就像眼睛、翅膀等典型的适应一样。（我们不必关心适应是有利于物种还是有利于个体，因为这些博物学家并不在意这个问题，不过它对达尔文来说很重要，本书已经提到过这一点，之后还会再次提到。）达尔文需要表明杂种不育不是一种适应，这既是为了捍卫自己的理论，也是为了反驳特创论者。

p.42

眼睛是典型的适应，这个复杂器官的结构似乎就是为了形成视觉图像。实际上，很难去抽象地定义生物的哪些特征是或不是适应。时至今日，生物学家尚未就适应的定义达成共识。因此，当达尔文要论证杂种不育不是一种适应时，他就不能直接用关于非适应性的某些抽象标准去衡量具体细节。相反，他描述了杂种不育的一系列性质，而如果物种的分离是一种适应，那这些性质就很奇怪了。首先是多变性，杂种不育的形态在物种之间有所不同，在物种内的个体之间也有所变化。为了看清楚这一点，不妨把它和眼睛相比较。眼睛的形态在所有脊椎动物（鱼、青蛙、蜥蜴、鸟类、哺乳动物）当中几乎是一样的。这是因为光学定律决定了一些结构能够用作眼睛而另一些结构不能。就整个动物界而言，眼睛的形态诚然有所变化；可是，所有的形态显然都是旨在形成视觉的专门结构。它们不是细胞的随意排列。在形形色色的生物（如所有脊椎动物）当中，该结构保持着惊人的一致性。相形之下，即使在关联密切的生物当中，杂种不育也有着各不相同的体现。一对物种可能会产生完全不育的杂种，另一对关联密切的物种则产生完全能育的杂种。在这两极之间又存在着各个程度的不育性。这就好比我们发现带有晶状体和视网膜的眼睛在人身上是一种排列，在黑猩猩身上却是完全相反的排列——我们不免怀疑自己是否真的"被专门赋予了"这些视觉器官。

p.43

极端的多变性目前仍是生物学家用来辨识生物的非适应性特征的一项标准。在分子水平上，许多DNA片段似乎无助于生物的适应。这些非适应性的DNA片段在生物个体当中通常是相当多变的。不过这一标准并不绝对——有些东西可能是多变的，却仍是一种适应性特征。达尔文的论证只具有或然性，不具有必然性。然而，他继续考察了杂种不育的其他性质，而如果杂种不育是一种适应，那么这些性质中的每一个就都是"奇怪的安排"。这些论述综合起来以后便非常具有说服力，如今已被广泛接受，几乎没有一个现代生物学家认为杂种的不育性是为了维持亲本物种的区别而演化出来的。

相反，达尔文认为：杂种不育是演化的副产物，"随着其他被获得的差异而附带出现"。他在引文之外的其他段落中给出了详细的论证。按照现代的观点，由于两个物种在演化的过程中随着时间而渐行渐远，它们积累着各种各样的差异。在过去的五百万年间，人身上演化出的新基因不同于黑猩猩身上演化出的新基因。如果人和黑猩猩试图杂交，会发生什么情况？尽管这在科学上仍属于未知，不过结果很可能是：新演化出的人类特性与新演化出的黑猩猩特性在杂种的身体中无法兼容，由此产生的杂种没办法正常活动。就好像你把两款品牌的汽车组件混装在一起，由此产生的"杂种"汽车很可能动不了，因为那些组件无法兼容。杂种汽车的缺陷不是特意设计出来的——工程师并没有为了阻止汽车的"杂交"、维持品牌的区别而制造出不兼容的组件。它是一个附带出现的结果——当双方的工程师各做各的工作时，它便发生了。同样，当两个物种各自演化一段时间后，它们很可能变得不兼容。有多不兼容？谁也讲不清。某些物种就是可以兼容，仿佛运气使然。它们产生的杂种能够正常繁育。另一些物种则完全不兼容。究竟是哪些"组件"/基因在演化的过程中发生了变化，这决定着结果会是什么。

达尔文的设问和结论已接近现代生物学家的思考，不过实际情况稍微复杂一些。如今，生物学家把两个物种无法交配繁育的情况称为"生殖隔离"。可以区分出两大类生殖隔离。达尔文讨论了其中一类，即两个物种交配繁育但杂交后代无法繁育。另一类是两个物种可能一开始就无法交配繁育。例如，两个物种可能有不同的求偶信号，没办法把对方识别成潜在的配偶。达尔文大概忽略了第二类生殖隔离，因为他手头上的证据主要来自人工异花授粉。直到19世纪后期（这时达尔文已经完成了《物种起源》），才有人去研究影响动物交尾的因素。

生物学家仍然赞同达尔文的观点，即杂种不育是随着生物演化而附带出现的副产物。至于由求偶信号等因素导致的第二类生殖隔离，存在着两派观点。一些生物学家认为它可以作为"一种被专门获得的性质"而演化出来——物种演化出不同的求偶信号以避免产生杂种。另一些生物学家认为它和杂种不育一样是演化的副产物。两个物种演化出不同的求偶信号，也许不是为了阻止它们杂交。当两个物种的求偶行为足够不一样时，各自的成员就不再把对方识别成潜在的配偶。因此，在阅读《物种起源》的这一章时，现代生物学家见到了自己依然关注的一组对立（是一种被专门获得的性质，还是随着其他被获得的差异而附带出现的）。他们要么部分赞同，要么完全赞同达尔文的结论，这取决于他们如何看待由求偶活动（以及一些相关因素）导致的生殖隔离——达尔文没有考虑到这些。

　　达尔文接下来开始讨论杂种不育给他的理论带来的另一个挑战。简单考察一下事实，就会看到：不同物种的杂交从未产生能育的杂种，同一物种内不同变种的杂交却总是能育的。表面上看，这打击了达尔文理论中的一个重要主张，也打击了他所偏好的一种论证策略。在达尔文的理论中，变种与物种并非判然有别。变种之间的差异较小，物种之间的差异较大。用达尔文的话来说，变种是初期物种。导致新变种出现的过程同样会导致新物种出现，只要持续得足够久。因此，达尔文的理论主张变种与物种没有分明的界限，应该不存在任何明确的标准供我们去分辨变种与物种。

可是，能否相互交配繁育也许就是这样一个标准——变种是能够相互交配繁育的不同生物，而物种是无法相互交配繁育的不同生物。因此，变种与物种是两个不同的范畴，从一者到另一者的推论则是不可靠的。然而，这正是达尔文所偏好的论证策略。他多次将人们用来培育动植物新品种的人工选择过程与必须在大自然中发生的选择过程相提并论。但是，由人工选择产生的家养变种仍然只是变种。达尔文指出："这是一个显著的事实"。基于外观而被划分为不同物种的鸽子变种其实是能够相互交配繁育的。持特创论观点的批评者可能会利用这个事情大做文章。也许达尔文所探讨的那些演化过程仅发生在物种内部，它们似乎还不足以产生具有不同生殖特性的新物种。

p.46

达尔文提出了几条反驳。其中一条指出：这在很大程度上是一个定义问题，我们将能够相互交配繁育的一群生物称为变种，否则称为物种。其实它们的界限没那么清楚。达尔文给出了一些例证：同一物种内的不同"变种"表现出相互交配繁育能力的衰退，而不同的"物种"在一定程度上仍然能够相互交配繁育。不过在达尔文的时代，例证的数量很有限，而且大量形态迥异的家养变种（如农作物、犬、鸽子的品种）之间的杂交并未表现出繁育能力的衰退，这与他的理论有些冲突。后者明确主张：到了一定时候，因演化而分离的变种应该表现出繁育能力的衰退。

相较于达尔文手头上的证据，现在的证据更能够支持达尔文的主张。如今，生物学家已经进行了许多试验，他们以不同的方式从某个种群中选取出不同的子群体，让这些子群体在演化的过程中逐渐分离。数代之后，我们可以测量它们当中是否演化出了生殖隔离。事实上，一定程度的生殖隔离通常都会出现，不过这得通过精心设计的实验才能检测到。达尔文所依赖的观测资料大概过于粗糙，没办法揭示出变种相互交配繁育能力的轻微衰退。达尔文的主张依然是正确的，变种与物种并没有质的区别。因此，出于它设问的方式，《物种起源》的这一段落相当重要。它还指出了什么样的证据适用于检验这一主张。然而，他当时所掌握的证据不够精确也不够充分，所以遇到了一些挑战。

5

生物在地质上的演替

《物种起源》之五

　　除了上述原因之外，还有一个更重要的原因导致了地质记录的不完整，即一个组与另一个组间隔了很长的时间。当我们在书上看到关于组的图表时，或者当我们在大自然中考察它们时，很难不相信它们是紧密衔接的。但是，参考默奇森爵士（Sir R. Murchison）那部讨论俄罗斯的巨著，我们知道了在该国堆叠起来的组之间有着漫长的间隔；北美洲乃至世界其他许多地方都是如此。即使是最老练的地质学家，如果将注意力局限于这般大的地域，就根本想不到：在某些时期内，虽然本国一片空无，但其他地方已经堆积了大量的沉积物，其中含有新的、不同寻常的生物。

　　在已知最低的化石层中，近缘物种突然成群出现

　　还有一个相近但更严重的难题。我指的是同

群的许多物种在已知最低的含有化石的岩石中突然出现的方式。基于一个个论证，我相信同群的一切现存物种都源自一个祖先；这些论证几乎都适用于已知最早的物种。例如，我无法怀疑所有的志留纪三叶虫都源自某个甲壳纲动物，而后者存活的年代必定远早于志留纪，并且很可能迥异于任何已知的动物。因此，如果我的理论是正确的，那么在志留纪的最低层沉积之前，一定流逝了漫长的时光，这段时光至少与从志留纪至今的时间一样长，甚至很可能长得多；而在这段极其广阔却充满未知的时光内，生物遍布了全世界。

关于灭绝

目前为止，我们只是附带地谈到了物种和物种群的消失。根据自然选择理论，旧生物的灭绝和新的、更完善的生物的产生是密切相关的。旧观念认为地球上的所有生物在连续的时期内被多次的灾变清除了，现在几乎没人相信这一点，甚至像埃利·德·鲍蒙（Elie de Beaumont）、默奇森、巴朗德（Barrand）这样的地质学家也不相信，尽管他们总体上的观点会很自然地得出这个结论。通过研究第三纪的组，我们完全有理由相信，物种和物种群是逐渐消失的——一个接一个，一地接一地，最终绝迹于整个世界。至于整个科或整个目看似突然的灭绝（如古生代末期的三叶虫和第二纪末期的菊石），我们必须记住之前说过的内容，即组与组很可能间隔了漫长的时间。在这些间隔中，灭绝或许发生得很缓慢。

当达尔文正在建立自己的演化学说，一项宏大的科学研究——确定地质历史——也在如火如荼地进行着。地质历史被划分为一个个时期，这些时期有不同的名称：从大约6500万年前至今是新生代，从大约2.5亿年前至6500万年前是中生代，从大约5.4亿年前至2.5亿年前是古生代。这三个时期涵盖了主要的化石记录。在大约45亿年前地球诞生和古生代之间则是一段极其漫长的时期，它有不同的划分方式，不过一般直接被称为"前寒武纪"。古生代、中生代、新生代这三大时期还可以做进一步的划分：例如，古生代被划分为寒武纪、奥陶纪、志留纪、泥盆纪、石炭纪和二叠纪。从18世纪中叶到19世纪中叶，地质学家学会了辨识这些地质时期的典型岩石。例如，中生代的岩石中既有无脊椎动物（如现在已经灭绝的一类鹦鹉螺），也有脊椎动物（如鱼和爬行动物），但罕见哺乳动物。地质学家还厘清了这些地质时期的先后顺序，同时描述了各个化石群在生命史中的兴起与衰亡。

这项研究的焦点是所谓的"组"，即处于特定地点的特定岩石类型（如砂岩或石灰岩）。在一些特殊的地方（如悬崖）可以发现一系列堆叠起来的组，但在大多数地方只能看到表层土壤下的岩石类型。要想重建地质历史，我们得搞清楚一个个独特的组是如何堆叠起来的。但这个工作不可能在单个地区内完成，因为那里不会保留下所有的组。地质学家转而运用"关联"这一关键方法——比较不同地区的岩石与化石成分，发现彼此相当的组，从而把它们"关联"起来。例如，一个区域可能有三个连续的组，不妨称之为 A、C 和 E；另一个区域也可能有组 A 与组 C，但中间还有另一个组 B；那么，完整的序列就是组 A、B、C、E。随着研究范围的扩大，地质历史也越来越全面、可靠。

在 18 世纪晚期和 19 世纪早期，人们厘清了那些较近期的组（从石炭纪至今），之后便将目光投向更棘手、更古老的岩石。在 19 世纪 30 年代和 40 年代，人们逐渐揭示出如今所谓的"古生代"的秩序。伦敦地质学会是汇报和探讨这项工作的中心，而自从 1836 年贝格尔号航行归来之后，达尔文是该学会中非常活跃的一员。可以说，伦敦地质学会是他当时最主要的社交舞台。在 1842 年结婚后，他仍然很活跃。

我们将在本章和下一章中看到，地质历史可以从不同的角度来检验演化论。然而，本章引文一开始便提到，在把不同区域的组关联起来时，任何单一区域的岩石对地质历史的记录是非常不完整的。这不只是理论上的断言或推论，它广泛见诸达尔文每天都在思索的地质历史研究。在把两个区域的组关联起来时，它们总是有所不同：某个组在一个区域可能非常厚实，在另一个区域则只有薄薄的一层，而在又一个

p.52

区域甚至全然不见了。引文开头提到的默奇森爵士［罗德里克·英佩·默奇森（Roderick Impey Murchison）］是地质历史研究领域的巨擘，达尔文与他有私交。默奇森曾前往俄罗斯寻找石炭纪和三叠纪之间的岩石（这两个时期凸显于英国的岩石）。在乌拉尔地区的彼尔姆附近，他找到了介于这两个时期之间的组，而这些组所对应的时期如今被称为"二叠纪"。二叠纪的岩石在英国比较少，我们如果只在英国做研究，是没办法辨识出这个时期的。默奇森对英国地质的了解又让他发现：自己在俄罗斯找到的岩石当中同样存在着空缺。

地质记录中的空缺对于引文接下来探讨的两大历史现象——物种群的突然出现与突然灭绝——是非常重要的。在关于第一个问题的讨论中，"志留纪"这个词或许令人费解。现代地质学认为，志留纪是从4.43亿年前至4.17亿年前的一段时期，几乎位于古生代的中间。许多拥有科学背景的读者认为达尔文应该换用"寒武纪"一词。寒武纪是古生代当中最早的时期，从5.42亿年前至4.9亿年前。在达尔文的时代，以及在他著书立说之后的将近一个世纪，都没有从早于寒武纪的岩石中发现化石，寒武纪岩石包含着（用达尔文的话来说）"最低的化石层"。绝大多数已知的化石目前仍然出自从寒武纪至今的这段时期。

那么，达尔文为什么说"志留纪"？一部分原因是，由默奇森提出的"志留纪"一词既包括现代地质学所认为的志留纪，也包括之前的奥陶纪。另一部分原因是，"寒武纪"

一词在当时是有争议的。地质学家还无法辨识出不同于志留纪岩石的寒武纪岩石，所以达尔文大概是为了避免一些可预见的麻烦而不说"寒武纪"，虽然我们现在知道这个词是对的。

　　达尔文时代的证据曾表明，若干不同的动物群均较为突然地出现于最早含有化石的组。尽管受到一些限定，这些证据如今仍然指向类似的情形，即所谓的"寒武纪生命大爆发"。对达尔文来说，动物群的突然出现引发了一个难题。他在相邻的一节内容中写道："如果同属或同科的许多物种真的是一齐出现的，那么这个事实会严重威胁到基于自然选择的后代渐变理论。"

　　他给出的解决方案就是引文一开始谈到的情况，即组的缺失。具体而言，他假定（或预测）在最早的三叶虫之前有一段漫长的、未知的时期，这段时期或许见证了最早也最简单的生命形式缓慢地演化为寒武纪（或者达尔文所认为的志留纪）的早期化石，如三叶虫。（三叶虫是一个动物化石群。比起与蟹、虾等甲壳纲动物的关系，它们与蜘蛛的关系更近。不过，蜘蛛、三叶虫和甲壳纲动物都是节肢动物，而三叶虫的祖先——尽管目前仍属未知——或许有着甲壳纲动物的外观。） _{p.54}

　　事实上，达尔文是对的。如果我们认为他所说的"最低的化石层"指的是距今约5.4亿年的寒武纪底层岩石，那么在这之前确实有一个更漫长的时期，在此期间生物哪怕没有"遍布了全世界"，至少已经存在于地球上。最早的生命记录来自大约35至38亿年前。因此，前寒武纪化石记录的时长大约六倍于从寒武纪至今的这段时期。

尽管现在已经发现了前寒武纪的化石记录，但仍有未解之谜。这些记录非常稀少，直到1950年左右才发现第一批前寒武纪化石，之后又有少量的化石陆续出土。在澳大利亚和中国发现了尺寸较大的前寒武纪化石，它们距今约5.6亿年甚至5.8亿年，位于寒武纪底层岩石的下面不远处；不过，我们无法从这些化石中了解到诸如三叶虫这样的寒武纪生物的前史。如果前寒武纪化石揭示出寒武纪生物的某些祖先物种，那么这多少有利于达尔文的理论。然而，前寒武纪化石主要是简单的单细胞生物，就算有些较为复杂，它们与之后的动物似乎也没太大关系，所以人们还是会觉得早期动物是突然出现的。目前流行的一个观点（仅为观点，并非定论）认为，生物的"硬组织"出现于寒武纪。脊椎动物（如人类）的骨骼，软体动物的外壳以及蟹、三叶虫等动物的头胸甲都属于硬组织。硬组织比软组织更容易保存为化石。因此，虽然动物化石突然出现于大约5.4亿年前，但这并不意味着动物是突然演化出来的——达尔文依然是正确的，寒武纪之前存在着漫长的演化——而是由于当时的某种因素使得硬组织的演化成为一种优势。至于这个因素究竟是什么，又有好几种假说。一个流行的假说认为，在前寒武纪晚期，捕食现象或许变得更加激烈，动物需要硬组织来保护自己。在较早的时期，大多数"捕食者"或许只是简单地吞掉较小的

p.55

生物，颇类似于现在的鲸鱼从海水中滤食较小的生物。硬组织无力抵御这类捕食方式。但在前寒武纪晚期和寒武纪早期，可能有些捕食者已经演化出了强有力的爪子和下颚。坚硬的外壳可以帮助抵御这类捕食者的攻击。

达尔文所面对的第二个难题是物种群的突然灭绝。他的地质学观点受到查尔斯·莱尔（Charles Lyell）的影响。莱尔的反对者称他为"均变论者"，这个词一直沿用至今。均变论者用如今仍然能观察到的过程来解释地质历史，而不诉诸假想的、无法观察到的因素。在达尔文写作的年代，莱尔的均变论逐渐壮大声势，"灾变论"则处于衰落之中。灾变论者声称，生命史中曾出现过一系列的大灾难，在一场场的灾难中，地球上的所有物种都灭绝了，随后一批新的物种又被创造了出来。很多人认为最近一次的大灾难差不多就是圣经中提到的洪水灭世。

首先达尔文指出，"现在几乎没人相信"灾变导致物种灭绝的"旧观念"。然后他声称，我们有可靠的证据表明灭绝是逐渐发生的，而不是灾变导致的。达尔文从自然选择理p.56论的角度推断灭绝应该是逐渐发生的。本章引文仅略微体现了他的想法，他在附近的段落中详细阐述了这一点。他辩称：当一个"比竞争物种有某种优势"的新物种出现时，灭绝便发生了。随着新物种占据越来越大的地理范围，处于下风的物种就会逐渐消亡。当达尔文说"旧生物的灭绝和新的、更完善的生物的产生是密切相关的"（参见引文），他所想到的就是这样的过程。

如果达尔文的灭绝理论是正确的，那就很难相信整个物种群是突然同时灭绝的。达尔文也承认化石记录中有一些例子，像古生代末期的三叶虫和第二纪末期的菊石。需要再次注意的是，达尔文使用的年代学术语和现在使用的术语有一定的出入，但他所使用的"古生代"与现在使用的"古生代"相同，它是三大时期当中的第一个，之后的两个依次为中生代和新生代。但还有一套旧的术语与上述术语相重叠——第一纪、第二纪和第三纪。简单来说，第一纪相当于现在的前寒武纪，第二纪相当于从默奇森提出的志留纪到白垩纪结束的这段时间。如今仍然使用"第三纪"一词，它占据了新生代的很大一部分。用现在的术语来说，第二纪末期的灭绝处于白垩纪-第三纪界线（K-T界线）上，恐龙灭绝就发生在这个时候。

针对这些"看似突然的灭绝"，达尔文的第一个解释是化石记录中的空缺。一个现已缺失的组过去可能存在过，在此期间菊石或三叶虫逐渐消亡。这在当时是一个可行的解释，但现在看来就不那么合理了，因为我们已经测定了许多岩石的绝对年代。放射性同位素可以用于确定从白垩纪结束到第三纪之初的岩石的具体形成时间。我们发现这些岩石呈现出年代上的连续性，至少在某些区域如此。白垩纪岩石和第三纪岩石之间并无中断。当时的灭绝似乎就是突然发生的。自1980年以来，人们认为这种突然发生的灭绝与小行星撞击地球有关。

　　大多数现代生物学家和地质学家对灭绝的看法不同于达尔文。达尔文质疑大规模灭绝真的发生过，他从新的优势物种与老的劣势物种之间的竞争来解释灭绝。大多数现代科学家认为至少发生过数次大规模灭绝。他们也承认一些灭绝是由生物竞争造成的。然而，这两个因素都存在争议。人们不确定生命史中究竟发生过几次大规模灭绝，据估计在2到13次之间。就那些有争议的、表面上的大规模灭绝而言，达尔文的基本论点——沉积记录中的波动——可以解释其中一些，尽管没有解释全部。人们也不清楚生物竞争究竟在多大程度上导致了灭绝，尤其是因为这很难通过化石来研究。

　　尽管现代科学家比达尔文更强调"突然的灭绝"，而非自然选择在灭绝中的作用，不过我猜测达尔文也不是不能接受这个说法，因为它没有威胁到他的理论内核。和莱尔一p.58样，达尔文之所以反对灾变论，是因为灾变论诉诸那些无法得到科学研究的过程。在现代科学中，有好几条客观证据可以用于推断地外天体的撞击及其灾难性的后果。和大多数现代学者一样，达尔文大概乐于把这一点补充进自己的基本理论。

6

对演化的论证

《物种起源》之六

p.59

　　如果我们承认地质记录是极不完整的，那么这些记录所提供的事实就支持了后代渐变理论……各组所包含的化石遗骸的性状在某种程度上介于上下两组所包含的化石遗骸的性状之间，这个事实完全可以通过它们在后代链条中的中间位置来解释。所有灭绝的生物都与较近存在的生物同属一个系统，它们不是同一类型就是中间类型——之所以出现这个伟大的事实，是因为现存的生物和灭绝的生物都是共同祖先的后代。

　　观察一下地理分布……我们也完全明白了那个必定让每一位旅行者都为之瞩目的奇妙事实——在同一片大陆上，无论环境上的差异有多么大，炎热或寒冷、高山或低地、沙漠或沼泽，同属一个大纲的大多数栖息者都有明显的关系——因为它们一般源自相同的祖先和早期移居者。

我们已经看到，过去和现存的所有生物都构成了一个宏大的自然系统，其中群体套着群体，并且灭绝的群体往往介于较近存在的群体之间，而根据自然选择及其偶然引发的灭绝与性状分歧，我们可以阐明上述事实。

人的手、蝙蝠的翼、鼠海豚的鳍和马的蹄子拥有相同的骨骼结构；长颈鹿和大象拥有相同数量的颈椎骨——诸如此类的无数事实都可以立即通过后代缓慢微小渐变理论来解释。蝙蝠的翅膀和腿（以及螃蟹的颚和腿，花的花瓣、雄蕊和雌蕊）尽管用于不同的目的，可是拥有近似的结构；这个事实同样可以得到阐明，只要我们认为，同属一纲的早期祖先拥有某些相似的器官或部分，而这些器官或部分之后逐渐发生了变化。连续的变异并不总是出现在生命早期，它们的遗传也发生在一个相应的、而非早期的生命阶段，所以根据这个原理，我们很容易明白为什么哺乳动物、鸟类、爬行动物和鱼类的胚胎会如此相似，而与各自成年后的形态会如此不同。这样一来，我们就不必对下述事实大惊小怪：呼吸空气的哺乳动物或鸟类在胚胎阶段拥有鳃裂和环状结构的动脉，就像必须借助发达的鳃来获取水中氧气的鱼一样。

习性或生活环境的改变有时导致一个器官变得无用；由于得不到使用，并且由于自然选择的不时推动，它往往会发生退化。根据这个观点，我们很容易明白痕迹器官的意义。

达尔文在《物种起源》中的第二个主要目的是对演化进行论证。不同于对自然选择的论证，此时达尔文有一个明确的反驳对象——特创论，它认为每个物种都有一个特别的起源，并且在起源后就不再发生形态上的改变。在达尔文的时代（现在也一样），人们主要从宗教中获得关于特创论的启示。大多数特创论者认为，每个物种都是由上帝特别创造的，并且此后一直保持不变。然而，达尔文倾向于把上帝排除在讨论的范围之外。他把特创论视为一种主张每个物种都有独立起源的科学假说，其正确性并不取决于这些起源是由自然机制还是由超自然机制造成的。在科学讨论中，上帝往往是一个相当无用的假设，因为只凭"上帝这么做了"这一句话不能给讨论带来什么帮助。达尔文在一些段落中提出了这个问题，从而清楚地表明了自己的想法——在科学论证中援引或暗指上帝是毫无意义的。

演化论在两个方面区别于特创论。其一，根据演化论，物种随着时间而发生变化。如果回溯得足够远，我们会发现一个现代物种的祖先有着不同的形态。其二，根据演化论，现代的物种源自过去的共同祖先。达尔文对演化的论证聚焦于第二个方面。就此而言，他的论证不同于现代许多对演化的论证。现代生物学家所使用的例子通常是短期内可观察到的演化性变化，加上达尔文讨论过的、指向共同祖先的物种间相似性。例如，我们可以看到艾滋病患者体内的艾滋病毒在2至3天内就演化出了抗药性。达尔文没有这类证据。直到20世纪20年代左右，人们才观察到正在进行的演化过程，此后这类证据逐渐累积。演化通常因为发生得太慢而难以观察，但在特殊情况下（例如正受到抗病毒药攻击的一群病毒），演化的速度会非常惊人。此外，我们现在也有一些例子表明一系列的化石种群随着时间而呈现出演化性变化。这些例子较为罕见，因为我们很少看到一系列的种群被保存在化石记录中；但它们确实存在，而且是演化的明确证据。达尔文肯定很乐意获得这两类证据，毕竟它们表明了活体生物的变化和化石种群的变化；但既然没有，他便聚焦于关于共同祖先的证据。

p.62

在《物种起源》中，达尔文用连续数章的篇幅来论证演化：两章探讨化石证据，两章探讨地理分布，等等。整个论证了然明晰、令人激赏，在同类论证中最为引人入胜。也有其他人提出过大致相同的论证，但他们缺乏达尔文的出众才智，也不像达尔文那般对历史材料运用自如。完成主要的章节之后，他最后还用一章的篇幅来进行总结，为全书提供了一个快速的概览。开头引文即摘自这一章。

虽然用现在的术语来说，达尔文是在"演化论"和"特创论"之间展开论证的，但他并未使用这两个词。我在第一章中说过，达尔文用"后代渐变"一词来表示演化。他在《物种起源》中确实用过一次"演化"（这是该书的最后一个词），不过直到后来，达尔文和其他人才开始使用我们现在所理解的"演化"一词。"特创论"是一个现代词，尽管达尔文的确使用过一些相关的表述。对于初次阅读《物种起源》的人来说，一个难点或许在于达尔文并不经常提起它们。在《物种起源》的大约一半章节中，达尔文的论证都在暗中反驳特创论。然而，达尔文往往只从演化论的角度去解释每一条证据，他不会每次都详细解释这条证据如何削弱了特创论。他可能是想让读者自己去思考什么样的证据能够表明物种拥有特别的起源。在引文所出自的最后一章中，特创论更是全然消失于人们的视野，达尔文的论证只呈现出支持演化论的一面。若要充分把握他的论证，我们必须思考他所写的内容隐含了怎样的反驳。

达尔文首先讨论化石记录。如果有化石记录显示出一系列的生物，其中一种随着时间而转变成另一种，这就直接证明了演化论。然而，化石记录通常太过残缺，无法提供上述证据，所以达尔文把注意力投向化石记录的其他若干特征，而这些特征仅在演化论成立的情况下才说得通。本章引文包含两例。其一，作为中间类型的生物往往出现在化石记录的

085

中间时期。一个例子来自我们自己的祖先，不过这不是达尔文给出的例子。大约 4 至 5 亿年前，我们的祖先还是鱼类。在某个时期，某些鱼类演化成了两栖动物（现代青蛙的亲戚）。两栖动物有时生活在水中，有时生活在陆地上。两栖动物接着演化成了爬行动物，并且完全生活在陆地上。爬行动物随后演化成了哺乳动物，而我们就属于哺乳动物。演化的方向是从鱼类到两栖动物，再到爬行动物，再到哺乳动物。如果仔细观察这四个群体中的成员，就能看到两栖动物在许多方面都介于鱼类和爬行动物之间。例如，两栖动物有时像鱼类一样通过鳃呼吸，有时又通过肺呼吸。但它们没有胸廓来给肺部填充空气。因此，通过观察现代动物的解剖结构，我们可以推断出：如果鱼类要演化成爬行动物，就不得不经过类似两栖动物的阶段。既然如此，如果首先出现爬行动物化石，继而出现鱼类化石，最后才是两栖动物化石，（从演化理论的角度来看）那就太奇怪了。根据它们的解剖结构，我们可以预测它们是按照鱼类、两栖动物、爬行动物的顺序演化的。化石的实际顺序完全符合我们的预测：中间类型出现在中间时期。如果只涉及鱼类、两栖动物和爬行动物这三类动物，论证的说服力就相当有限了，不过这里仅仅意在说明这个论证的逻辑。当我们补充上一长串的动物种类，而它们在化石记录中的顺序完全符合它们的解剖关系，这个论证的说服力就非常强了。

p.64

反之，如果鱼类、两栖动物和爬行动物都出自独立的创造，我们就没有理由去设想解剖学意义上的中间类型出现在化石记录的中间时期。特创论者只能用偶然性来解释这种对应。

在达尔文的第二个论证中，他暗中反驳了一种在当时颇受欢迎而如今已然式微的特创论。达尔文说灭绝生物和现存生物同属一个分类系统，换句话说就是二者并非全然无关。我们在第五章中看到，达尔文之前的地质学家认为生命史中曾出现过一系列灾难性的灭绝，每一次灭绝都把所有的生命一扫而光，随后又有新一轮的创造，由此出现新的生命。如果这个说法是正确的，那么来自生命史较早阶段的灭绝生物应该与现存生物没有关系。现存生物只能追溯到最近一轮的创造，而在此之前的生物都灭绝了。但事实上，灭绝生物的化石看上去明显与现代生物有关。特创论有多个版本。在反驳特创论时，必须根据读者可能支持的特定版本来选用证据。现代的特创论不再宣扬灾难性的灭绝与一轮轮的创造，不过在达尔文的时代，有一派特创论者就支持这个说法，所以达尔文不得不考虑到他们。

第二类证据来自生物的地理分布（达尔文在此同样探讨了好几条证据，不过我仅以其中一者为例）。看一看地球上某个区域的生物，我们常常发现生活在那里的物种有着密切的关系；而如果一个区域的各个物种均出自特别的创造，那它们大概不会有这么近的关系。达尔文笔下最有名的例子就是生活在加拉帕戈斯群岛上、如今被称为"达尔文雀"的一群鸟。其中大约有十二个物种，彼此间有着密切的关系。它们被归为一个独特的物种群，这意味着一种达尔文雀与另一种达尔文雀的关系要比它与地球上其他任一物种的关系都更密切。不过，这个物种群也呈现出生物的多样性——例如，有些像燕雀一样，靠捡拾种子为生；另一些则演化成了"啄木鸟"。真正的啄木鸟有长长的喙和舌头，用来探查和抓取树皮内的虫子。而加拉帕戈斯群岛的"啄木鸟"用树枝探查树洞，差不多像啄木鸟那样觅食。加拉帕戈斯群岛上并没有通常的、"真正的"啄木鸟。根据演化论，这些事实是说得通的。在过去的某个时候，达尔文雀的祖先移居于加拉帕戈斯群岛。当时岛上没有（或罕有）其他鸟类。这个祖先物种自然而然地演化成了拥有不同生活习性的许多物种，其中就包括加拉帕戈斯"啄木鸟"。

然而，如果物种出自独立的创造，上述事实就说不通了。既然啄木鸟的生活方式在其他地方行得通，为什么不在加拉帕戈斯群岛上创造出啄木鸟呢？为什么创造出一种不太一样的鸟，而它恰好又与岛上的其他鸟非常相似？同样的论证在全球范围内都适用。这对达尔文来说尤其重要，因为正是来自地理分布的证据（而不是化石证据或接下来要探讨的证据）最早令他接受了演化论。

达尔文的下一个论证关注的是他所谓的"自然系统"。18和19世纪所使用的"系统"一词相当于我们今天所说的"分类"（而"分类学"是一门关于生物分类的科学）。生物的分类呈现出层级的结构，用达尔文的话来说，"其中群体套着群体"。也就是说，像猫、猴这样的小群体被包含在哺乳动物这个更大的群体之内。如果生物是从一个共同的祖先那里演化出来的，那么这种层级结构就是意料之中的事情了。事实上，生物分类的这种层级结构在一定程度上与生命史的树状结构相对应。如果从现代的猫往前回溯，我们很快会找到所有猫的共同祖先。如果从这个祖先往前回溯，我们最终会找到所有哺乳动物的共同祖先……然后是所有动物的共同祖先，最后是地球上所有生命的共同祖先。然而，如果每个物种都出自特别的创造，那么这种"群体套着群体"的层级结构就实属意料之外了。每个物种都会有属于自己的独特性质，而物种的分类将会呈现出任何符合创造过程的结构。也许这个结构就像化学元素周期表，或者就像一本书的字母索引表。如果每个物种都出自独立的创造，我们就没有特定的理由去期待一个层级结构的"自然系统"。

p.67

达尔文接下来谈到了同源性，大多数现代生物学家认为这是支持演化论的最有力证据。事实上可以说，达尔文给出的几类证据均以不同的形式表述了基于同源性的一般性论证。这里不太容易定义同源性，因为现在通常从演化的角度来定义它。同源性指的是两个物种所共有的、它们的共同祖先也拥有的特征。例如，人类和黑猩猩都有脊椎，这两个物种的共同祖先也有脊椎。人类和黑猩猩所共有的脊椎就是同源性的一个例子。同源相似性是祖传相似性——基于从共同祖先那里继承的结构而出现的相似性。同源性的现代定义则是从演化的角度来解释前演化论时期的生物学所知道的事实。之前的同源性指的就是物种之间的相似性，包括那些不易被物种的生活习性所解释的相似性。

达尔文给出的例子是人类的手和其他相关物种的同源结构。人手有五个手指，有特定的骨骼结构。我们用双手去操作和抓取物体。同样的五个手指和骨骼结构也出现在蝙蝠的翼和鼠海豚的鳍中，也以略有不同的形态出现在马的蹄子中——尽管这些动物使用它们的方式迥异于人类使用手的方式。相同数量的手指和相同的骨骼结构似乎不可能为一切物种所需要。结构上的这种相似性就是同源相似性。它表明了演化的发生，因为如果鼠海豚、蝙蝠、人类、马都出自特别的创造，那么它们的鳍、翼、手、蹄不会拥有相同的基本结构。既然它们使用这些部位的方式都不一样，它们在被创造出来时本可以采用不同的设计。类似地，达尔文讨论了不同物种的胚胎之间的相似性。例如，人类胚胎在发育的过程中有一些阶段明显很像鱼。他还讨论了一些物种的痕迹器官和另一些物种的完全发育的器官之间的相似性。

自达尔文以来，生物学家不断发现生物之间的同源相似性。其中最令人瞩目的例子来自分子生物学。DNA分子包含一套建构身体的指令。这些指令被编码在所谓的"遗传密码"当中。正如人类语言是任意的（也就是说，并没有什么特定的理由让字符串 H-U-M-A-N 代表它实际上所代表的东西，即人类），遗传密码也是任意的。然而，一切生物都使用本质上相同的遗传密码。如果生命均演化自一个共同的祖先，这就说得通了。那个共同的祖先找到了一个特定的密码，之后又把它传给所有的生命。但如果每个物种都出自独立的创造，它们就没理由全部使用相同的遗传密码——这就像所有在宇宙中独立演化出来的智慧生物都讲英语一样离谱。

达尔文当时已经知道了一些把许多不同生物联系在一起的同源性。例如，所有的鱼类、两栖动物、爬行动物、鸟类和哺乳动物都有同源的骨骼结构，所以这些生物很可能有一个共同的祖先。达尔文缺乏的是被一切生物所共有的"普遍"同源性，而像遗传密码这样的分子层面的普遍同源性一定会得到他的欣然接受，毕竟它们最好地证明了地球上的一切生命都是从一个共同的祖先那里演变而来的。

7

社会和道德能力

《人类的由来》之一

　　《人类的由来》一书的完整标题为"人类的由来和性选择"，这本书是达尔文第二重要的著作。它看上去像是两本书意外地装订在了一起。该书约1/3的篇幅论述人类的演化，它考察了人类从猿类祖先演化而来的证据，并有几章探讨心理、道德和社会能力的演化。另外2/3的篇幅论述达尔文所谓的"性选择"。达尔文的性选择理论旨在解释一切生物当中的性差异——为什么雄性往往比雌性更好斗，为什么一些物种中的雄性拥有诸如漂亮羽毛这样的装饰物。这部分内容探讨了人类以外的一大批生物，唯独没有提及人类的演化。仅在短短的最后一节中，达尔文才将人类的由来和性选择这两大主题联系起来。他主张，性选择可以解释人类在肤色和面容上的种族差异。一些评论家认为，最后一节只是在形式上把两本本质上独立的书联系在了一起。另一些则认

为，我们应该认真思考达尔文这么做的用意，领会全书的内

在统一性。这里我不打算处理这个问题。本章和接下来的两章各从书中摘录了一些内容，前两篇讨论人类的演化，第三篇讨论性选择。前两篇密切相关，但与第三篇关系不大。

当生活在同一地区的两个原始部落发生竞争时，如果（在其他条件相同的情况下）一个部落的许多成员都富于勇气、同情和忠心，时刻准备着向同伴告警，齐心协力，守望相助，那么这个部落就会取得成功、战胜对手。要知道，在无休无止的蛮族战争中，忠心和勇气肯定是至关重要的品质。一群训练有素的战士之所以能够击败一群乌合之众，主要是因为其中每个人对身边的战友都充满了信心……自私自利、争强好胜的人没有凝聚力，而没有凝聚力就办不成事情。一个富于上述品质的部落会扩张并战胜其他部落，不过从全部的历史来看，它迟早会被更具上述品质的其他部落所征服。就这样，社会和道德品质会一步步地发展，并扩散至整个世界。

人们不免要问：同一部落内部的多数成员起初是怎么获得这些社会和道德品质的？优秀的标准又是怎么提升的？我们很难相信，那些富于同情、心地善良的父母，或那些对战友极为忠心的人，会比同一部落内部的自私奸诈之人留下更多的后代。愿意自我牺牲、不愿背叛战友的人（很多野蛮人都如此）往往不会留下后代来继承他们的高尚品质。最勇敢的人在打仗时总是冲在最前面，甘愿为别人出生入死，所以平均来说，他们的死亡率要高于其他人的死亡率。因此，似乎不可能通过自然选择（亦即适者生存）来增加拥有这些美德的人或提升优秀的标准，毕竟我们这里谈论的不是部落与部落之间的胜败。尽管导致同一部落内部的品质优秀之人变多的条件非常复杂、难以悉数，不过我们可以列出大概的步骤。最初，随着部落成员的推理能力和预见能力的提高，每个人很快都知道，如果他帮助他的同伴，他通常会得到回报。从这种较低级的动机出发，他可能会养成帮助同伴的习惯……推动社会美德发展起来的另一个更有力的因素是同伴的褒贬……喜褒厌贬的倾向在蛮荒的时代里无比地重要。当一个人为了别人的利益牺牲了自己，并且他这么做不是受到任何底层本能的驱使，而是受到荣誉感的激励，那么这样的榜样会让其他人也对荣誉产生渴望，并通过实际行动强化了高尚的钦佩心理。这样一来，比起生育出有望继承自己优秀品质的后代，他对部落的贡献或许要大得多……

　　我们要记住，尽管较高的道德水平几乎不会

给一个部落的某个成员及其子女带来相对于其他
成员的优势，但如果品质优秀之人变多了、道德
水平提升了，这个部落肯定将获得相对于其他部
落的巨大优势。如果一个部落的许多成员极大地
表现出集体精神、忠心、服从、勇气、同情等品
质，时刻准备着互帮互助、为共同利益献身，那
么这个部落将战胜其他的大多数部落——这就是
自然选择。

　　达尔文在此关注的演化现象是现代生物学家所说的"利
他"，一种帮助他人的自我牺牲行为。更确切地说，利他是
一种给利他者带来成本、给受惠者带来利益的行为。本章引
文所出自的那节内容令现代的利他行为理论家啧啧称奇，因
为它指出了目前仍在研究的所有基本问题，也指出了当下已
经得到认可的几乎所有解释思路（除了一个）。

　　问题：人类究竟如何演化出人类社会中的各种合作行
为？达尔文认为这些"社会和道德能力"是通过自然选择而
演化出来的，这个观点在当时备受争议。一种带有宗教色彩
的观点认为，我们的心理能力和道德意识使我们区别于禽
兽——我们的身体在某种程度上与动物相似，但我们的道德
意识迥异于其他动物身上的任何特征，它是一种神性，地球
上的一切生物当中唯独人类拥有它。为了回应这种观点，达
尔文描述了其他动物身上的道德雏形，并展示了人类道德的

演化步骤。

　　达尔文指出了合作以及使得人类合作成为可能的道德意识在战争中带来的优势。如果两个部落彼此竞争，那么成员之间合作得更紧密的部落往往是赢家。如果一个部落里面都是自私自利之人，它很快就会被征服、被淘汰。道德因其在战斗中带来的优势而得以发展。

　　也许这就是事实，至少是一部分事实，可仍有一个悖论。自然选择怎么会青睐一个为了部落牺牲自己的人呢？越勇敢的人也越有可能丧生，平均而言留下的后代也越少。"因此，似乎不可能通过自然选择……来增加拥有这些美德的人。"如今，关于利他行为的讨论都是从这个基本论点开始的。任何自我牺牲的行为似乎都与自然选择相冲突。这就引发了一个疑问：利他行为究竟是如何产生的？在余下的引文中，达尔文试图对此给出解答。他提出了三种可能的思路。

　　第一个是（至少暗示了）如今所谓的"互惠"。如果甲现在帮助了乙，那么乙之后也可能帮助甲。不同于现代的学者，达尔文把互惠建立在理性计算的基础上，即"推理能力和预见能力"。他称之为"较低级的动机"。然而，互惠并不需要任何推理能力和预见能力。它需要的是对个体的识别，或其他类似的行为。例如，关于互惠式利他行为的当代最知名研究是围绕吸血蝙蝠展开的。若干吸血蝙蝠生活在同一个巢穴中。它们夜间出动，寻找吸血对象（如家畜）。某天夜里，一只蝙蝠也许不走运，没找到食物。当它返回巢穴，另一只收获颇丰的蝙蝠可能会把吸食的血液回吐给这只饥饿的蝙蝠。之后的某天夜里，它们的角色可能会颠倒过来。这套模式依赖于下述条件：个体必须能够互相识别，并且能够判断对方的需求程度。否则，那只慷慨解囊的蝙蝠之后不一定会得到回报（只能碰运气），或者它有可能给出程度不当的援助。不过，这套模式不需要任何理性计算和预见能力。蝙蝠或许具备这两种能力，但这套互助模式（即互惠的血液回吐行为）只需要一只成功觅食的蝙蝠帮助另一只失败的蝙蝠。自然选择青睐这种雪中送炭的蝙蝠，只要它之后在有同样的需求时能得到回报。达尔文或许明白这个一般性的论点（尽管不了解关于吸血蝙蝠的具体研究）。他说："每个人很快都知道……他通常会得到回报。"在我看来，这似乎暗示了某些先前就已经存在、之后可以被知悉的互惠行为。也许达尔文的意思是，推理能力和预见能力可以用于进一步发展一套已经存在的互惠模式。然而，更直接的解读则认为达尔文就是把互惠建立在推理的基础上。现代生物学家同意互惠是自然选择青睐利他行为的一种方式，但不同意它必须以有意识的推理为基础。

达尔文接着谈到了另一个因素——同伴的褒贬。在我看来，他似乎在探讨社会或文化因素如何导致自我牺牲，其中或涉及或不涉及自然选择。从现代的角度来看，这个论证可以有两种主要的解读方式。其一，自我牺牲根本不受自然选择的青睐。我们对褒贬的感受力起初或许是通过正常的自然选择而演化出来的。一个人若对其他人所表达的情绪较为敏感，就会留下更多的后代。然而，一旦这种感受力演化了出来，它可以引导一些个体为了更大的社会荣誉牺牲自己（或者，社会的其他成员可能会策略性地运用自己的褒扬与贬斥，以操纵某个个体做出自我牺牲的行为）。这样一来，一个个体可能在文化因素的影响下做出与自然选择相悖的行为。另一个例子是宗教中的独身主义。假设它的含义包括放弃生育，那么想必它是对立于自然选择的。但一些个体仍有可能出于宗教信仰而决定禁欲。总之，个体的决策和文化的影响可以凌驾于自然选择之上。

有些批评者可能会说，如果我们对褒贬的感受力或宗教信仰导致了生育的减少，那么自然选择应该早就改造了我们的心理活动。我们可以保持社会感受力或宗教信仰，但不至于对抗自然选择。只要我们的大脑过程降低了生育的效率，自然选择将会（甚至正在）作用于它们。然而，达尔文的论证（根据我们目前的解读）依然可以成立。相对于文化变迁和个人选择，自然选择是一个缓慢的过程。无论我们承载着怎样的心理活动，总有方法让个体去选择做一些减少自己生育的事情。自然选择大概在不断重塑我们的大脑，可文化因素不是一成不变的，它们也可以持续引导我们中的一些人做出减少生育的行为。

第二种解读否认文化和自然选择之间存在任何冲突。尽管一些个体为了至高的社会荣誉而做出自我牺牲的行为，但也许平均而言，他们还是从中获益的。每有一个人牺牲，或许就有另一个做出相同行为的人存活下来并收获"今世的福分"。如果幸存者获得的益处超过了丧生者带来的损失，那么平均而言，为了荣誉牺牲自己（从演化的角度来看）是值得的。

并不是只有这两种解读将文化、人类决策与自然选择联系在一起。我们也不知道哪一种是正确的（如果确有一者是正确的）。我们对于人类行为的理解注定受到不确定性的困扰。不过，达尔文的论证（根据不止一种解读）依然可以成立。文化因素影响着人类决策，而这可能引导我们采取自我牺牲的行为。

最后，达尔文用现在所说的"群体选择"来解释自我牺牲。如果甲部落里的成员更愿意自我牺牲，而乙部落里的成员自私自利、各行其是，那么甲部落将胜过乙部落。达尔文说，群体（或部落）层面的这种优势"就是自然选择"。在部落内部，一个为了部落利益牺牲自己的人，相对于那些从他的牺牲中获益的人，确实遭受了损失。但在整个部落的层面上，由更多自我牺牲的成员带来的优势超过了个体的损失。由于给群体带来了优势，利他行为便通过自然选择而演化出来了。

现代的大多数（但不是所有）演化生物学家承认群体选择或许可以解释利他行为，但怀疑这种解释是否在现实中成立。原因在于，当个体优势和群体优势发生冲突时（比如在战争当中），自然选择的作用通常凸显于个体层面而非群体层面。自然选择青睐那些在一代代个体间给个体带来优势的特征。当一个逃避自我牺牲的自私个体比那些为了共同利益牺牲自己的部落成员留下了更多的后代，自私行为就会更频繁地出现。给部落带来优势的特征是在"一代代"部落间受到青睐。也就是说，当一个由利他者组成的部落消灭掉一个由自私者组成的部落，利他行为就会更频繁地出现。可是，相较于个体的死亡，部落的灭亡更为罕见。因此，既然个体当中所发生的选择是一个快速、持续的过程，而群体之间所发生的选择是一个缓慢、间歇的过程，那么受到前者青睐的特征往往成为自然选择最终确立的特征。

不过，我们可以在理论上补充若干条件，使得群体选择压过个体选择。达尔文的想法不一定是错误的或混乱的。但自从达尔文著书立说，生物学家甚为关注令群体选择得以运作的确切条件。尽管措辞并不惊世骇俗，可达尔文的论证在当代的追随者中引发的争议远远超乎预期。无论如何，达尔文指出了在"社会和道德能力"的演化过程中个体优势和群体优势之间的冲突，这一点实在令人印象深刻。即使争议重重，他的想法——这些能力是通过群体选择而演化出来的——仍有可能成立。

达尔文之后，生物学家补充了一个达尔文在此没有考虑到的因素。这个因素通常被称为"亲缘选择"。如果一个个体的自我牺牲有利于该个体的血亲，那么自然选择就会青睐

p.78

这种行为。一个个体身上的基因也以一定的概率存在于胞亲和表亲身上。同父同母的一对个体有50%的概率共享一个特定的基因。因此，如果一个个体牺牲了自己的生命，但这种牺牲让他的兄弟姐妹最终留下了比原先多了不止一倍的后代，那么自然选择就会青睐自我牺牲。p.79

几乎可以肯定，达尔文从未想到过亲缘选择。《物种起源》中有一段关于工蚁不育的文字，这个段落曾被认为是在暗示亲缘选择，但仔细阅读后会发现它完全是在探讨别的话题。论述亲缘选择的重要作品直到1964年才面世，作者是W.D.汉密尔顿（W.D.Hamilton）。总的来说，生物学家仍然认为自我牺牲的行为对达尔文的自然选择理论构成了一个重要的挑战。他们现下有四个可行的思路：亲缘选择、互惠式利他行为、群体选择和文化因素。从文化的角度来解释，自我牺牲并不受自然选择的青睐，其存在是由于或此或彼的文化因素，比如达尔文所说的"褒贬"。在这四种解释中，达尔文的讨论至少提示了其中三种，只有亲缘选择完全是达尔文之后的一项发现。不同于达尔文，现代生物学家没有把互惠建立在理性计算和预见能力的基础上，并且对群体选择的作用表示怀疑。尽管有这些分歧，达尔文的分析在思想上已经非常现代了（虽然在语言上仍属于维多利亚时代）。

8

自然选择对文明国家的影响

《人类的由来》之二

　　或许应该再谈一谈自然选择对文明国家的影响……就野蛮人而言，身体孱弱或智力低下的人很快就会遭到淘汰，存活下来的人通常身体健康、精力充沛。相反，我们文明人拼尽全力去阻止淘汰的进程——我们为痴呆者、残疾人和病人建立了收容所，我们制定了济贫法，我们的医务人员千方百计地挽救每个人的生命。有理由认为，疫苗接种挽救了数以千计的原本会死于天花的体弱之人。这样一来，文明社会中的弱者才延续了下去。任何从事过家畜育种的人都知道，这肯定对人类非常不利。一旦缺乏照料或照料不当，某个家畜品种就会退化，速度之快令人吃惊；不过，几乎没有人会无知到让品质最差的驯养动物进行繁育，除非是人自己。

我们之所以感到不得不向那些无助的人伸出援手，主要是由于同情本能的意外驱使……即便是死硬的理性也无法抑制我们的同情，除非败坏掉人性中最高尚的部分。外科医生在动手术时会硬起心肠，因为他知道自己正在做的事情是为了病人好；可是，如果我们故意忽视弱者和无助的人，这么做不一定会带来什么好处，却一定会造成无穷的祸害。因此，我们必须承担因弱者的生存与繁衍而导致的恶劣影响。不过，看起来至少有一个制约因素在稳定地发挥作用，即社会中的弱者和劣等成员并未像健全人那样自由地婚配……根据1853年间搜集的大量统计数据，全法国20至80岁的未婚男子的死亡率远远高于已婚男子。例如，每1000名20至30岁的未婚男子当中，每年有11.3人死亡，而已婚男子当中仅有6.5人死亡……斯塔克博士（Dr Stark）认为，"婚姻以及伴随婚姻的规律生活习惯"直接导致了死亡率的下降。但他也承认，酒鬼、浪子和罪犯的寿命较短，通常也不结婚。同时也要承认，体质虚弱的人、疾病缠身的人以及在身体或心灵上有缺陷的人往往要么不愿意结婚，要么遭人拒绝……总体上，我们可以同意法尔博士（Dr Farr）的结论：之所以已婚男子的死亡率低于未婚男子

（这似乎是一个普遍规律），"主要是因为有缺陷者不断遭到淘汰，且每一代人当中最优秀者被巧妙地挑选了出来"。

《人类的由来》中涉及人类演化的部分主要关注的是过去的演化。达尔文当时还没有我们现在可用的年表，不过这本书主要关注的是从大约 500 万年前至 2.5 万年前的人类演化事件。在这段时间里，我们的祖先演化出区别于其他猿类的若干特征，如更大的脑容量和直立双足行走。到了大约 2.5 万年前（全球不同区域略有差异），已经出现了与我们无异的人类。然而他还增加了一节内容，论述"自然选择对文明国家的影响"。相较于今天的大多数读者，达尔文和当时的读者可能更确定"文明"一词的含义，不过他一开始就表明了其论证的重心。自然选择借由不同的死亡率（一些个体死去而另一些存活下来）和不同的生育率（一些幸存者比另一些生育更多的后代）来起作用。达尔文所谓的"文明国家"指的是那些拥有医疗、健康和福利体系的社会，这些措施会"阻止淘汰的进程"。例如，一些人原本会死于传染病，疫苗接种则让这些人存活下来。因此，在某些社会中，自然选择的作用可能被削弱了，甚至被阻断了。

在本章引文的开头，现代读者需要考虑到语言使用上的变化。诸如"痴呆者的收容所"和"家畜品种的退化"这样的短语显然暗指某些敏感话题，这些话题推动着语言学家所谓的"委婉语蠕变"现象——人们用中性的新词去替代贬义的旧词（如"痴呆者"），但这些新词随后也造成了负面的联想，迫使人们再度引入其他新词。毫无疑问，我们今天对于这个话题的探讨会让135年后的读者觉得有些粗鲁，正如达尔文的探讨会让现在的一些读者觉得粗鲁一样。达尔文的过人之处不在于语言的使用，而在于论证的力量。他始终是一位伟大的思想家，他的大多数读者希望理解他的论证并获得启发，而不是把注意力分散在语言上。

自达尔文以来，人们一直在争辩：自然选择究竟有没有在一些人类社会中放缓？达尔文（又一次）令人称奇的地方在于，他基本上确立了后世讨论的所有重要主题，甚至多于由20世纪和21世纪支持或反对优生学的许多学者提出的所有主题。

达尔文一开始便指出：自然选择会在"文明国家"中放缓。与家畜相类似，预计这将导致人类素质逐代下降，因为劣等成员并未遭到淘汰。一个可能的解决方案是恢复自然选择的作用，停止医疗手段的干预。基于道德上的理由，达尔文拒绝了这个方案——它将"败坏掉人性中最高尚的部分"，并且"如果我们故意忽视弱者和无助的人，这么做不一定会带来什么好处，却一定会造成无穷的祸害"。这段话很值得注意，因为有些人指控达尔文是一个优生主义者——他们也许只读了前面关于"家畜品种的退化"的句子。然而，继续读下去就会发现并不是这样。达尔文果断拒绝了回到自然选择的怀抱——这意味着"无穷的祸害"，任凭缺医少药的人在折磨中死去。其实，达尔文显然不确定文明是否构成了人类退化的温床。他说忽视弱者和无助的人"不一定会带来什么好处"，也就是说这种做法可能会也可能不会阻止退化。这得依情况而定。如果自然选择确实放缓了，那么很可能出现退化。可是自然选择真的在人类中放缓了吗？达尔文接着考察了已婚者和未婚者的死亡率。已有大量证据表明，未婚者的死亡率比对应的已婚者要高。达尔文所掌握的数据表明，未婚男子的死亡率大约是生活在同一地区的同龄已婚男子的两倍。

达尔文考虑了针对死亡率差异的两种解释。一种是婚姻本身可以降低死亡率，比如有的社会优待已婚者、歧视单身者。另一种是健康的人在婚姻市场上更具优势，那些不太健康的人则落了单。在这种情况下，已婚者和未婚者之间的死亡率差异不是婚后生活质量提升的结果，而是婚姻市场根据个体素质进行筛选的结果。达尔文最终支持第二种解释。根据这一结论，就不应认为自然选择会在人类中放缓。疫苗接种和外科手术或许削弱了某些形式的自然选择，但我们择偶的方式又保留了其他形式的自然选择。文明社会的人也许根本没走上退化的道路。

现代人类生物学仍然关注达尔文所提出的问题。达尔文的第一个论点是：如果自然选择放缓了，种群的素质会随着时间而下降。之降，是因为在正常情况下，劣等基因（生物

115

学家称之为"有害突变")要被自然选择淘汰掉。携带劣等基因的个体更有可能在繁殖前死亡,这就从种群中清除了劣等基因。然而,由于每一代都会发生变异,所以新的劣等基因会一直出现。在绝大多数的生物种群中,有害突变的出现和自然选择对它们的清除大体上保持着平衡。如果自然选择清除有害突变的速度赶不上有害突变出现的速度,那么种群成员的素质必然逐代下降。生物学家做了相关的实验。一旦阻断了自然选择对果蝇(一种用于实验的模式动物)的作用,果蝇的预期寿命就会逐代下降。确切地说,果蝇的生存能力每一代下降大约0.5%。在不受自然选择的情况下繁殖三十代之后,实验果蝇的生存能力下降为最初的85%左右。

当自然选择没有发挥作用时,种群素质下降的速度取决于突变出现的速度。如果突变率很高,种群就会迅速退化;如果突变率较低,种群也就退化得慢一些。生物学家尚未就突变率达成一致。如果自然选择确实不再作用于某些国家的人口,他们的DNA肯定将随着时间而随机化。不过,我们不知道这种随机化在几代、几十代或几百代之后会不会变得显著。不管怎样,目前人们仍然接受达尔文的基本主张——如果自然选择停止发挥作用,生物就会退化。

达尔文的第二个论点是一个道德命题:我们应该使用医疗手段。这或许干预了自然选择,但放任自然选择实在是不可接受。我估计,现代人比达尔文的同时代人要更赞同他的观点。从当时到现在,总有一些(尽管不是全部)优生学家辩称：我们应该恢复淘汰劣等基因的自然选择，或者运用技术来模拟自然选择（例如，针对那些被判为基因不合格的人实施绝育）。一些国家曾经颁布了这样的法律并实施了优生政策。纳粹德国只是其中一员。事实上，纳粹德国的法律是从美国照搬过来的。从20世纪中期开始，优生政策在政治上变得不受欢迎，相关的法律亦被废除。跟达尔文一样，现代社会宁愿忍受未来可能出现的基因退化，而不愿选择优生法律或回归自然选择。还是有一些人表示不同意见，但毕竟是少数，而且他们自己也知道这一点。

最后，达尔文不认为自然选择真的在人类社会中放缓了。医疗手段或许削弱了自然选择的一些作用，但婚姻市场仍在淘汰劣等基因。后续的研究充分支持了达尔文对已婚者和未婚者死亡率的描述。20世纪60年代之前的大规模调查确凿地记录了这种差异。在所有被调查的国家中，这种差异一律存在，无论男女。平均而言，未婚男子的死亡可能性比对应的已婚男子要高出约1.8倍。未婚女子与已婚女子之间的差异为1.5倍左右。大约在1970年之后，这样的统计方法不再适用了。在许多国家，未婚生育和丁克婚姻都越来越常见。就自然选择的作用而言，生育人群与不生育人群之间的基因质量差异才是关键。在达尔文的时代，以及在他之后的数十年间，通过比较已婚者与未婚者的死亡率，人们可以粗略而便捷地研究上述问题。如今则很难针对美国或任何欧洲国家的人口来研究这个问题了。我们需要掌握的是做父亲的人与不做父亲的人之间的死亡率差异，以及做母亲的人与不做母亲的人之间的死亡率差异。

尽管在达尔文之后的一个世纪里人们更详细地记录了未婚者和已婚者之间的死亡率差异，但对这种差异的解释仍有争议。生物学家和社会科学家一直就达尔文提到的两种解释争论不休。要么是婚姻降低了一个人死亡的概率，要么是较低的死亡概率让一个人更有可能进入婚姻。我们之前看到，达尔文更青睐后者。但他的论证（这里只引用了一部分）过于简短，无法令人信服。就人类而言，我们实际上不可能获得决定性的证据。但就其他生物而言，生物学家已经从一些物种那里发现了有力的证据，这些证据表明携带优良基因的个体更有可能获得配偶。这在一定程度上支持了达尔文的观点，不过恐怕还不足以说服一个持怀疑态度的人。在人类当中，已婚者和未婚者之间的死亡率差异仍有可能是婚姻造成的——如果考虑到当下的情形，或者说是配对造成的。

达尔文的论证中还有一个方面值得注意：它预设已婚者和未婚者之间的死亡率差异与基因有关。仅当携带劣等基因的人结不了婚，自然选择才能通过婚姻市场来起作用。可是，尽管健康状况不佳的人更不容易结婚，但健康状况的差异或许纯粹是基因以外的因素造成的。这样一来，婚姻市场所淘汰的就是不健康的人，而不是劣等基因。基因会影响到健康和死亡率，这确实是一个合理的预设——我们已经掌握了关于遗传病的大量证据——但毕竟只是一个假设。我们很

p.88

难对它加以验证，因为没办法通过必要的实验来表明已婚者和未婚者之间的死亡率差异与基因有关。

生物学家还发现了自然选择对人类起作用的其他方式。除了在婚姻市场当中，自然选择还可以发生在生命早期，包括对精子的选择和对卵子的选择。大部分医疗手段关注的是老年人，所以极少影响到自然选择对人口的作用。老年人已经过了生育年龄，就算医疗手段让一名老年人多活了十年，这也不会影响到下一代人的基因组成。就我们现在讨论的话题而言，医疗手段的重要意义在于保证育龄人群的存活，因此我们可以忽略已退出育龄期的人群所接受的医疗活动。

淘汰劣等基因的自然选择大多发生在非常早期的生命阶段。女性体内有数以百万计的细胞可以发育成卵子，但其中只有几十个细胞最终变成了卵子。在那些发育成卵子的细胞当中，仅有少数成功受精并开始发育。只有大约30%的受精卵最终完成孕期、成为胎儿，其他70%都失败了。男性产生了数十亿个精子，但最终仅有极少数成功地将它们的DNA传给下一代。绝大部分的精子、卵子和处于早期发育阶段的胚胎都死亡了。我们不知道其中有多少是自然选择造成的，但我们知道有一些确实是。一些配子无法结合成受精卵，一些受精卵又无法发育成胎儿——或许自然选择主要通过这些方式来清除人类当中的劣等基因。医疗手段几乎完全没有降低这方面的死亡率。就算医疗手段削弱了自然选择的作用，这也发生在从出生（或稍早）到老年的后续阶段。因此，自然选择在"文明国家"中起到的作用可能无异于它在人类演化的过程中一直起到的作用。

总之，医疗手段和社会福利是否削弱了，甚至阻断了自然选择对人类的作用，这仍是一个迫切的问题。一些学者认为自然选择在人类中放缓了。他们或许是对的，人类（在某些国家）或许踏上了一条独特的演化之路，因为他们的DNA在随着时间而随机化。文明的进程将通向人类的灭亡。可是，我们并不确定自然选择真的在人类中放缓了。正如达尔文所注意到的，自然选择仍可以通过婚姻市场来起作用。除此之外，自然选择还可以发生在生命早期。这样一来，文明既可以表现出"人性中最高尚的部分"，又不会削弱自然选择的作用，把我们送上基因退化的绝路。

9

性 选 择

《人类的由来》之三

　　凡是有性别之分的动物，雄性与雌性的生殖器官必然不同，这些器官就是第一性征……但还有一些与生殖器官基本无关的性差异，这些才是我们关注的重点——比如雄性更大的体型、更强的力量、更严重的好斗心，针对对手的进攻武器或防御手段，艳丽的色彩和不同的装饰，歌唱的能力，以及其他此类性状。

　　我们这里关注的是性选择。性选择取决于某些个体单在繁殖方面相对于同物种、同性别的其他个体而具有的优势……不少结构和本能必定是通过性选择而发育出来的——比如雄性用来攻击和驱赶对手的进攻武器与防御手段，他们的争强好胜，他们各式各样的装饰，他们发出声乐或器乐的精巧装置，他们散发气味的腺体——其中大部分结构仅仅用于吸引或刺激雌性。这些性状显然是性选择造成的，而不是常见的自然选择造成的，因为，只要没有更具天赋的雄性在场，那些没有武器、未经装饰、无吸引力的雄性一样能够在生存斗争中存活下来并生育出大量的后代。我们可以推断情况确实如此，因为雌性没有武器、未经装饰，也能够存活下来并繁衍生息。接下来的章节将详细讨论刚刚提到的这类第二性征，不仅因为它们有很多有趣的地方，还因为它们取决于个体（无论雌雄）的意志、选择和竞争。当我们看到两个雄性为占有一个雌性而大打出手，或若干雄鸟在一群雌鸟面前展示华丽的羽毛、做出奇怪的动作，我们不得不相信：尽管受到本能的引导，但它们知道自己在做什么，并有意识地施展其心理与身体的力量。

就像人们可以通过选择那些在斗鸡场上胜出的斗鸡来改良斗鸡的品种，那些身体最强壮、精力最充沛或武器最精良的雄性看起来在自然条件下也占据了上风，从而改良了自然的品种或物种。一个导致某种优势的微小变异，无论多么微小，在反复进行的致命斗争当中足以为性选择提供运作的空间，而第二性征的确容易发生变异。就像人们可以根据自己的鉴赏标准来美化雄性的

p.92

家禽，或者说得更严谨一些，改善亲本物种原有的外观，例如让锡伯莱特矮脚鸡（Sebright bantam）获得新颖靓丽的羽毛、挺立独特的姿态——在自然条件下，雌鸟挑选出那些更具有吸引力的雄鸟，久而久之便增添了雄鸟的美感或其他讨喜的品质。这无疑意味着雌鸟拥有分辨力和鉴赏力，乍一听似乎根本不可能。不过，基于下面提出的事实，我希望能表明雌鸟确实拥有这些能力。

《人类的由来》的大部分内容是关于达尔文的性差异理论的，他把这一理论称为"性选择"（现在仍叫这个名字）。这个理论旨在回答：为什么许多物种的雄性演化出了看似不利的特征，即降低生存概率的特征？孔雀的尾羽就是一个典型的例子（严格地说，孔雀的尾羽是由背部羽毛发育出来的，而不是由尾部羽毛；不过为方便起见，我们还是用"尾羽"这个常见的称呼）。它是一种极其奢华的大型装饰，成本高昂，鲜艳的颜色会吸引捕食者，过大的尺寸也会降低飞行的效率。如果没有尾羽，孔雀更易存活，但它还是出于某种原因而演化出了尾羽。

孔雀的尾羽看起来是一种不良适应。第一章曾提到，达尔文对演化理论的（无论是他自己的还是其他任何人的）第一重检验就是它有没有解释适应。生物中充满了适应的例子。达尔文经常以啄木鸟的喙为例，现在我们还可以补充上从分子生物学到社会行为领域的例子。自然选择轻而易举地解释了适应，所以通过了达尔文的第一重检验。

然而，自然选择在这方面的成功或许恰恰反驳了它自己，因为生物的某些特征似乎不是适应性的，这表明自然选择理论可能不正确或不充分。如果自然选择是普遍成立的，那么孔雀的尾羽就不应该存在。正因为这些奢华的性特征对达尔文的理论构成了严重的威胁，所以他花了许多时间来思考这个问题、搜集相关证据。《人类的由来》第二部分的500多页内容就是这项工作的成果。

达尔文首先更精确地界定了他所关注的这类特征。他区分了第一性征和第二性征（达尔文在严格的生物学意义上使用"征"（character）这个字眼，它这里指的不是广义的现象，而是有机体的特征或属性）。第一性征是指生殖器官，如外生殖器、卵巢和睾丸。基于有性繁殖的事实，不同的性别当然拥有不同的第一性征。第一性征在演化的过程中是由常见的自然选择塑造的。第二性征所对应的器官不是生殖所必需的，但它们在两性之间存在差异，并且似乎以某种方式辅助了生殖过程。孔雀的尾羽就属于第二性征。

不是所有的第二性征都给自然选择理论出了难题。在本章开头没有援引的一个段落中，达尔文讨论了不同种类的抱握器，这些结构常见于雄性的水生生物，比如某些种类的甲壳纲动物（包括虾蟹在内的那一群动物）。雄性用它们来紧

p.94

紧抓住雌性，这样可以防止双方在完成交配之前被水流冲散。抱握器的形态很可能是由自然选择塑造的。除此之外，其他一些性差异也大可通过自然选择来解释，它们也不在达尔文的关注范围内。他探讨了（这部分内容也不在引文中）在某些鸟类中雄性和雌性的喙有何不同。这大概是因为雄性和雌性有不同的"生活方式"，比如它们吃不同的食物。雄性和雌性的喙也许受到了自然选择的塑造，以至于不同性别的个体都达到了最佳的进食效率。但是，单靠自然选择理论无法解释所有的性差异。真正的难题在于"雄性更大的体型、更强的力量、更严重的好斗心，针对对手的进攻武器或防御手段，艳丽的色彩和不同的装饰，歌唱的能力，以及其他此类性状"。

达尔文接着论证这些第二性征不是常见的自然选择造成的。他给出的理由是相关物种中雌性的形态。如果雄性的某个特征（如鹿角或鲜艳的羽毛）为生存所需要，那么它也应该出现在雌性身上。可是雌性身上并没有这个特征，这表明（特别是在我们进一步考察了性选择理论之后）该物种成员的最佳状态不应该包含鹿角或羽饰。没有这些特征，雄性更容易活下来。但奇特的性选择导致雄性演化出了这些特征，从而降低了它们在非生殖性的生命活动中的效率。

什么是性选择？达尔文区分了两种主要的类型，如今我们称之为雄性竞争和雌性选择。雄性会为了争夺雌性而相互争斗。那些身体较强壮或武器较优越的雄性更容易生育出后

129

代。数代之后，雄性会演化出更强大的武器。即使武器非常笨重，降低了雄性的存活率，它所带来的优势仍有可能大于损失。从演化的角度来看，更高的繁殖率可以弥补降低的存活率。如果更强大的武器使雄性的存活机会减半，但使他的繁殖机会提高至原先的三倍，那么雄性就会演化出这些武器。因此，雄性竞争可以解释一些看似为不良适应的第二性征。

p.95

　　雄性在争斗中使用的器官符合达尔文对性选择的描述。他说，性选择的作用依靠着某些个体在繁殖过程中相对于同物种、同性别的其他个体而具有的优势。在第二章中，我们见识到达尔文思想的独特之处——他看到了同一物种的个体间竞争（用他的话来说，就是"生存斗争"）。他的性选择理论不但阐述了相同的主题，而且更进一步。竞争不仅仅笼统地发生在一个物种内部。如果食物短缺，一个个体通常会与同一物种的所有成员竞争食物，也许还会与近缘物种的某些成员竞争。这种为了存活下来的竞争在大多数情况下不怎么受到性别的影响。然而，为繁殖后代而产生的竞争却极其受性别的影响。雄性不跟雌性角逐谁能成功地生育出后代，雄性只跟雄性竞争。

　　我们可以用遗传学的术语（达尔文肯定没用过）来表达：在传递给下一代的所有基因当中，一半来自雄性，另一半来自雌性。在繁殖的过程中，雄性无法通过任何行为将雌性基因替换为雄性基因。如果一个雄性是强硬的斗士，他可以把自己的雄性基因更多地传递给下一代；但不管争斗了多少次，他都无法夺走雌性基因的份额。就此而言，繁殖竞争局限于各个物种的各个性别内部。不同于同时代的大多数人，达尔文认为竞争发生在同一物种的个体之间，而不是发生在物种之间，甚至不是发生在物种与无生命的大自然之间。但在他的性选择理论中，竞争不仅仅笼统地发生在一个物种内部，还发生在一个物种的一个性别内部。

达尔文认为，性选择的第二个机制是雌性选择。雄性竞争可以解释那些用于争斗的雄性第二性征。可是，一些物种的雄性也有装饰物，如孔雀的尾羽，这些装饰物在争斗中不仅派不上用场，还会帮倒忙。对此，达尔文提出了一个更大胆的假设：就像我们人工培育了观赏性家禽一样，"在自然条件下，雌鸟挑选出那些更具有吸引力的雄鸟，久而久之便增添了雄鸟的美感或其他讨喜的品质。"达尔文之前的博物学家已经认识到雄性会为了争夺雌性而相互争斗，但之前没有人像达尔文一样提出过关于雌性选择的理论。

类似地，在达尔文之后，生物学家普遍承认某些雄性特征（如力量和武器）是由雄性竞争造成的，但他关于雌性选择的假说则广受争议。一个原因在于达尔文的观点涉及自觉的审美选择——我之后会再谈这个话题。另一个原因在于，从达尔文的角度来看，我们不清楚为什么雌性会演化出这种雌性选择。如果雌孔雀确实更愿意与尾羽更庞大也更漂亮的雄孔雀交配，这将有助于解释为什么雄孔雀拥有这样的结构。在雄孔雀当中，更高的繁殖率弥补了因拥有奢华尾羽而降低的存活率。通过达尔文所描述的典型机制，雄孔雀演化出了这样的结构。

但这个论证立即引发了下述疑问：自然选择为什么会偏好这些雄孔雀——它们拥有硕大、明艳且降低了存活率的尾羽——交配的雌孔雀？先前要让雌性选择演化出来，那么那些挑挑拣拣的雌孔雀必须比那些一视同仁的雌孔雀留下更多的后代。现在要让雌性选择保存下来，那么雌孔雀仍然需要从这种选择中获得一定的优势。达尔文没有讨论这个问题。他也没必要这么做。如果雌性选择尾羽明艳的雄性，雄性就会演化出明艳的尾羽。这已经（在一定条件下）解释了明艳的尾羽。对于任何解释，你总是可以再退后一步，问一个"为什么"——所有的理论都得在某个阶段停止自己的解释，这并不是理论的缺陷。

然而，达尔文关于雌性选择与那些极其奢华、成本高昂的结构（如孔雀的尾羽）的论述仍面临严重的问题。他没有证据来表明雌性选择的存在。事实上，直到最近（20世纪90年代），生物学家才表明雌孔雀确实更愿意与尾羽更庞大也更漂亮的雄孔雀交配。此外，达尔文的雌性选择假说有些自相矛盾。如果一个雄性拥有某种导致存活率下降的特征，而一个雌性选择与他交配，那么该特征会遗传给她的雄性后代，降低他们的存活率。因此，如果一个雌性选择了一个外表朴实的交配对象，那么她的雄性后代就更容易存活下来，她的繁殖率也会提高。自然选择似乎对抗着达尔文所假设的雌性选择。

近一个世纪以来，生物学家一直在关注这个问题，即雌性选择的演化。罗纳德·费舍尔（R.Fisher）在1916年率先提出了一个解决方案。他主张：雌性选择的演化或许是一个"失控"的过程，最终导向对那些过度装饰的雄性的选择。一旦一个种群中的所有雌性都做出某种选择，主流的偏好就形成了一种强有力的约束。如果一个雌性选择了一个外表朴实的交配对象，她的雄性后代确实会有更高的存活率，但当他们长大以后，周围的大部分雌性都不偏好外表朴实的雄性。所以每个雌性都不得不挑选一个经过装饰的交配对象，以便生育出之后能够找到配偶的雄性后代。

费舍尔的观点引发了许多讨论。一些生物学家表示支持，另一些表示反对，还有许多表示不确定。另一种观点认为，雄性的装饰物揭示出某些理想的品质，如基因的质量或对疾病的抵抗力。如果一个雌性挑选了一个经过装饰的交配对象，她就能生育出与交配对象一样拥有高质量基因的健康后代。这样的观点同样饱受争议。不管怎样，正如达尔文所指出的，雌性选择最好地解释了那些在雄性竞争中没有用武之地的雄性装饰物。我们现在拥有了达尔文当时所没有的证据，这些证据表明雌性在求偶过程中确实更偏好某些类型的雄性。不过，为什么一些物种中的雌性更偏好过度装饰的雄性？这个谜题——雌性选择的演化之谜——尚未得到解决。人们提出了并研究了一些很好的思路，但没有任何一个思路得到了生物学家的普遍认同。

达尔文理论的另一个争议之处在于，他的描述涉及自觉的心理能力。"当我们看到两个雄性……在一群雌鸟面前展示华丽的羽毛、做出奇怪的动作，我们不得不相信……它们知道自己在做什么，并有意识地施展其心理与身体的力量。"类似地，达尔文认为雌性选择也是有意识的，它们基于"分辨力和鉴赏力"。虽然达尔文说"我们不得不相信"这件事情，但其实这件事情不久之后便受到生物学家和心理学家的p.99强烈质疑。大约在20世纪初，一门研究行为的科学出现了，而对动物意识的否认（也是对达尔文观点的否认）构成了这门科学的基础。科学家开始认识到，看似复杂的行为（如求偶）可以经由简单的机制来产生。"高级的"心理能力（如自觉的推理）失落于新兴的20世纪行为科学的视野。

对动物意识的否认有两种形式。一种是方法论上的否认。我们没办法科学地研究动物的意识，所以不妨在科学的领域内忽略它，去关注那些可以用科学方法来研究的行为面向。人类以外的生物也许能自觉地进行推理，也许不能——但科学的进步并不要求我们回答这个问题。另一种则更为强硬，主张只有人类拥有意识。不管是哪一种，现在看来达尔文的措辞都不够恰当。他的所有重要论证都不要求人类以外的动物拥有意识。他显然认为，鸟类以及其他生物有意识地争取自己想要的东西，就跟我们人类一样。但就算它们并非如此，达尔文的主要论点依然成立。无论那些展示自身的雄性是有意识地还是无意识地争取打动雌性、赢过其他雄性，演化的结果都是我们已经看到并试图解释的那些雄性器官。无论雌性是通过有意识的审美判断还是通过无意识的决策机制来选择交配对象，只要她们确实做出这些选择，这就能解释雄性的某些特征。因此，在某种程度上，现代对于性行为的理解不同于达尔文的理解。对达尔文而言，许多动物的求偶活动充满了有意识的竞争和审美上的选择——人类如此，鸟类如此，甚至昆虫亦如此。大多数现代学者则认为，雄性对自身的展示和雌性对配偶的选择都是机械性的。尽管人们现在仍然用达尔文的理论来解释性差异（诸如孔雀尾羽这样的奇怪特征），但现代的性选择理论已经排除了达尔文关于意识的论述。从这个角度来说，达尔文的确提出了一个非常成功的理论，只不过人们如今在使用这个理论时不会提及意识，即便它在达尔文看来至关重要。

10

人类和动物的表情

　　我们天然地想要尽力探求表情的原因，但只要人和所有其他动物都被视为独立的造物，这种探求欲就肯定会受到阻碍。特创论用千篇一律的方式来解释一切，事实证明它不利于博物学的各个分支，包括表情。就人类的某些表情而言，例如因极度恐惧而汗毛直竖，或者因怒气冲天而咬牙切齿，除非我们相信人类曾经以一种相当低等的、类似动物的状态存在，否则很难理解这些表情。我们如果认为彼此不同的近缘物种源自共同的祖先，那就不难理解它们表情的共性了，比如人类和各种不同的猴子在发笑时都会出现相同的面部肌肉运动。一个人只要大体上承认所有动物的构造与习性都是逐渐演化出来的，就会从一个全新的、有趣的角度来看待表情……

首先，我将给出三个原理。在我看来，它们可以解释人类和较为低等的动物在各种不同的情绪与感觉的影响下所不自觉地做出的表情与姿势……

原理一：有用且相关的习惯

在某些精神状态下，某些复杂的动作能够或直接或间接地缓解或满足特定的感觉、欲望等；每当出现相同的精神状态时，哪怕它很微弱，习惯与关联的力量也倾向于诱发相同的动作，尽管这些动作当时可能没有丝毫的用处。一些通常因习惯而与某些精神状态相关联的动作或许会在一定程度上受到意志的压制，在这种情况下，那些最不受意志控制的肌肉仍然有可能动起来，我们认为由此产生的动作即为表情。

原理二：对立

根据第一个原理，某些精神状态会引发特定的习惯性动作，而这些动作是有用的。那么，当出现一种完全相反的精神状态时，就会存在一种强烈的、不自觉的倾向，即实施性质完全相反的动作，尽管这些动作没有任何用处；在某些情况下，这些动作便是表情。

原理三：因神经系统的构造而产生的动作，自始至终独立于意志，并且在一定程度上独立于习惯当感觉中枢受到强烈的刺激时，过多的神经力量就会产生出来并沿着一定的方向传递，这些方向取决于神经细胞的连接，也部分地取决于习惯；或者如同我们所见，神经力量的供应可以被中断。我们认为由此导致的结果即为表情。为了简洁起见，可以把第三个原理称为"神经系统的直接作用"。

p.103

达尔文在相当长的一段时间内连续撰写了《人类的由来》（1871年出版）和《人类和动物的表情》（1872年出版）。他检查完《人类的由来》当中的论证之后，便立刻动笔写《人类和动物的表情》。达尔文当时已经63岁，他的身体多年来一直不太好，这两本书耗尽了他的精力。不过，他在人生的最后十年里振作了起来，又完成几本书。

《人类的由来》与《人类和动物的表情》这两本著作是密切相关的。事实上，一开始达尔文大概想把它们写成一本书。之所以被拆开，部分是因为篇幅，同时也因为《人类和动物的表情》的理论基础自成一体。在《人类的由来》中，我们看到达尔文探讨了人类的一系列社会心理能力（本书第七章），如语言、道德、宗教、社会合作和自我牺牲。这方面的讨论非常重要，因为那些认为人类与其他生物拥有不同起源的特创论者往往辩称：人类与其他生物的区别就在于这些社会心理能力。尽管我们的身体看起来近似于猿类的身体，但猿类根本没有道德、社会和宗教方面的观念。达尔文则表明：所有这些能力都是通过自然选择而演化出来的，它们可以追溯到非人类的生物当中已有的雏形。

p.104

类似的情形启发了达尔文对情绪的研究。1838年，他阅读了一本论述情绪的著作，作者查尔斯·贝尔爵士（Sir Charles Bell）是这方面的专家。贝尔声称：某些用于表达情绪的面部肌肉为人类所独有。18世纪的道德与政治思想家也普遍认为只有人类能够脸红。人们如果总是互相说谎，就不可能建立起社会生活了，而脸红有助于阻止说谎，或减轻说谎对社会生活的破坏。正如语言和道德，表情也被视为人类与其他生物的一大差异。

达尔文开始了自己的研究，光搜集材料就花了三十多年的时间，之后才动笔写书。他在1838年就已经知道贝尔关于面部肌肉的说法是错误的。人类和其他猿类拥有相同的面部肌肉。贝尔的这本书留存至今，里面还有达尔文的边注。在某一处，贝尔认为皱眉肌（corrugator supercilii）"令人费解却又无比生动地传达了心灵的观念"。达尔文评论道："这里在说猴子？……我在猴子身上见过，发育得很好……我怀疑他从未解剖过猴子。"达尔文接着描述了人类的表情与非人类生物的表情之间的连续性。事实证明，表情并不是人类的专利。

本章引文的第一段进行了更深入的探讨。非演化论面临着宽泛的反对意见，而在情绪的问题上又面临着具体的困难。我们的牙齿比猿类和大多数猴子的牙齿都要小。雄性狒狒的犬齿就像匕首一样，它们在冲突中展示并在打斗中运用这一危险的甚至致命的武器。黑猩猩也有硕大的犬齿，也会在打斗中使用它们。因此，我们的灵长目祖先顺理成章地通过暴露犬齿来进行威胁，表达愤怒或敌对的情绪。尽管人类的牙齿不是什么像样的武器，但我们仍会在威胁或嘲弄时龇牙咧嘴。诚如达尔文所言，不从演化论的角度出发，就"难以理解"在愤怒时龇牙咧嘴的现象。

《人类和动物的表情》的一个目的依然是描述人类的表情与非人类生物的表情在演化上的连续性。不过，随着达尔文构思出一整套用于理解表情的理论体系，上述目的就变得次要了。该书主要想回答为什么情绪会以特定的形式表达出来。为什么我们用微笑或大笑来表达好心情？为什么用哭泣来表达难过，用紧蹙的眉头、皱起的前额和下垂的嘴角来表达悲哀？为什么在无助时会耸肩？该书的主要章节考察了这些情绪状态，描述了它们的表达形式，并思考了为什么是这样的形式。这本书读来很有趣，尤其是因为达尔文收集了丰富的材料。他不仅观察身边的成人和他自己，还特地观察了他的孩子。他的第一批孩子出生于19世纪40年代，这极大地鼓舞了他的研究。他留意过绘画和雕塑中的情绪表达，以及文学中有关情绪表达的描述。他参与过一项对面部肌肉施加电刺激的研究，观察这些肌肉对面部形态的影响。他向世界各地的人发放调查问卷，以了解当地居民如何表达他们的情绪。调查的结果让达尔文得出结论：人类表达情绪的大多数形式是通用的。这个结论在20世纪的一些人类学家当中引发了争议，不过现在已经得到了普遍的承认［保罗·埃克曼（Paul Ekman）］的贡献尤为重要）。《人类和动物的表情》的大部分内容都没有用学术语言。这本书也会引发大众读者的私人兴趣，所以可读性非常高。

达尔文在书中首先阐述了他的解释框架，其中包含三个原理（见本章引文的后半部分）。他在该书的主要章节（即论述特殊情绪的章节）中使用了这些原理，尽管通常是含蓄地使用。不同于《物种起源》中的自然选择理论，这三个原理尚未构成一个牢固的理论体系。自然选择理论有力地解释了达尔文所搜集的关于物种的事实。在《物种起源》中，达尔文不断运用自然选择理论来说明各个事实。与之相比，关于表情的三个原理虽然很好地说明了一些事实，但对另一些事实就不那么适用了。在这本书中，达尔文有时好像使用了这些原理，有时又长久地忽略了它们。这本书不是对这三个原理的长篇论证，它更像是一系列想法的汇总，其中蕴含着一个初步的理论。达尔文喜欢用一般性的观点来组织自己对于某个主题的讨论，但就情绪而言，他在具体问题上的想法有时超越了检验一般理论的需求。

尽管如此，这三个原理是该书的核心理论，也基本抓住了达尔文要表达的意思，所以我们还是应该弄明白这三个原理。引文中的第一个原理是达尔文所谓的"有用且相关的习惯"。有些动作需要我们在做动作之前或之中采取特定的姿态。例如，当你和另一个人发生了冲突，可能要打起来，你自然会目不转睛地盯着对手、绷紧肌肉、举起拳头。这些也是表达威胁或愤怒的手段。它们就属于达尔文所说的"有用且相关的习惯"。它们"有用"，因为它们在当时的情况下能够发挥作用。你如果想击打一个人，就需要瞄准、绷紧肌肉、挥动手臂。它们与愤怒、敌对等情绪"相关"。达尔文的论证如下：我们的祖先在生气时常常会盯着生气的对象、绷紧自己的肌肉，久而久之，这些习惯就成了表达愤怒情绪的方式。

愤怒和威胁的表情是"有用且相关的习惯"的明确例证，不过达尔文也将这个原理推广至许多微妙的情形。引文提到，"尽管这些动作当时可能没有丝毫的用处"，人们还是会做。例如，闭眼的动作相关于很多不愉快的经历，并且是有用的（或许为了保护眼睛）。但达尔文注意到，当脑中浮现出可怕的念头时，我们仍会闭起眼睛，哪怕是在很暗的房间里。闭眼的习惯与那些可怕的经历有关，在一些情况下也能发挥作用，所以是"有用的"。然而，有时闭眼起不到任何的作用，我们还是会这么做。达尔文仍然称它为"有用且相关的习惯"。我们在拒绝别人的提议时常常与对方拉开距离，达尔文对此给出了类似的解释。拉开距离是有用的，因为它能保护自己免受伤害。即便是在客客气气的口头争论中，由于关联的力量，人们还是会重复这个习惯，而此时它对身体已经没用了（虽然它对沟通或许是有用的）。

在引文中，达尔文接着将这个原理运用于另一种情况，即相关的习惯在意志的作用下受到一定的压制。他之后对悲哀的探讨便为一例。那些令人悲哀的经历可能激起我们的尖叫或哭号。此时，我们会收缩眼睛周围的各个肌肉。达尔文的解释是：这么做可以防止眼睛充血——如果不这么做，在尖叫时就会出现这种情况。他在分析哭泣（作为对难过的表达）时探讨过这些后果。在论述悲哀时，他又利用了这一论证。

悲哀的典型表情是前额皱起、眉头下垂。达尔文的解释是：当我们努力"不让自己哭出来"或努力停止哭泣时，"悲哀肌"就会不自觉地活动起来。我们的祖先之所以想这么做，也许出于或此或彼的原因。但无论这些原因是什么，如果我们努力停止哭泣，面部肌肉就会受到影响。我们停止收缩与哭泣相关的眼周肌肉。其中一块肌肉是鼻锥肌。人体的肌肉一般是两两相互拮抗的，比如手臂上的二头肌和三头肌，收缩其中一块会拉伸另外一块。与鼻锥肌相互拮抗的肌肉是位于眉心的"悲哀肌"。我们可以通过收缩"悲哀肌"来放松鼻锥肌。

达尔文仔细观察了儿童开始或停止哭泣的过程。"我很快发现，'悲哀肌'在这些情形中极其频繁地发生明显的动作。"他举了几个例子。一个小女孩被几个小孩欺负，随后大哭起来。就在她哭号之前，她的眉毛呈现出典型的"悲哀"形态；但当她哭泣时，悲哀的表情消失了。达尔文猜测，这个小女孩在流泪之前努力克制自己。他看到了这种努力所造成的短暂表情。类似地，他看到一个小男孩在接种疫

148

苗后大哭大叫。随后医生送给他一个橙子，"这让他很开心。当他停止哭泣时，所有的典型动作都出现了，包括在额头中间形成矩形的皱纹"。

因此，悲哀的表情可以被理解成一种有用且相关的习惯，但这方面的论证比愤怒的情形要复杂得多。悲哀的典型面部表情源自人们努力克制哭泣。这种努力使得一组相关的肌肉活动起来，而这些肌肉与哭泣并没有直接的联系。眉心的皱纹和下垂的眉头就这样出现了。

有用且相关的习惯是达尔文在书中最常使用的原理，虽然有时候并不是那么显而易见——例如在刚才所看到的情形中，达尔文便对这个原理进行了高度的推广。他的第二个原理，即"对立"，则是第一个原理的反面。有时，当我们的心境恰巧与有用且相关的习惯所表达的某种情绪相反，就会采取相反的姿态。达尔文给出的著名例子包含成对的猫狗图片。当一只狗"带着敌意接近另一只狗"，它的表情可以被理解成一种有用且相关的习惯。它挺直身体，翘起尾巴，绷紧肌肉。另一张图片显示出这只狗"怀着顺从的、亲切的心境"。它身子蜷伏，尾巴放低，肌肉放松，没有紧紧盯着前方。在另外一张图片中，一只猫或是"恶狠狠地准备战斗"，或是"怀着亲切的心境"，同样体现出类似的对立。

达尔文没有给出过下述论证，不过我们可以将对立原理理解成一种避免误解的方法。如果你对一个人很生气，那么你会摆出某个姿态。但如果你是友好的，那么你不会希望对

p.110

方认为你在生气。摆出一个与生气完全相反的表情则可以尽量让对方不那么认为。这个论证超出了达尔文的讨论范围。达尔文只关注情绪的表达。他激励了后世那些对沟通感兴趣的学者。情绪的表达与沟通是密切相关的两个话题，但达尔文只对前者感兴趣。当代读者如果想了解达尔文自己的思想，那么在阅读达尔文的著作时，有时需要把关于沟通的知识放在一边，免得把后世的思想错划给达尔文。

达尔文把第三个原理称为"神经系统的直接作用"。与其他两个原理相比，他对这个原理明显不太满意。然而，有一些动作（如恐惧时的战栗）既不能用"有用且相关的习惯"来解释，也不能用"对立"来解释。引文已经提到，他认为神经系统在某些情况下会受到强烈的刺激，从而对身体产生直接的影响。我们认为这些影响即为表情。

情绪依然是现代学者所关注的话题。达尔文对现代情绪理论的塑造诚然比不上他的演化理论对生物学的影响，但"有用且相关的习惯"原理与"对立"原理仍有一定的影响力。如今，人们阅读《人类和动物的表情》，更多是为了见识达尔文的那颗独一无二、充满好奇的活跃心灵。在近40年的时间里，他抓住一切机会，系统地搜集相关的材料。读者在阅读的过程中会意识到达尔文的大脑一直在高速运转。不管在哪儿——在餐桌旁看着人们谈笑风生，或带着孩子去看医生——他都在仔细观察、思考、提问并试图将自己的想法整合成一个宏大的理论体系。

p.111

年　表

p.112 1809年　　　查尔斯·达尔文于2月12日出生在英格兰的什鲁斯伯里（Shrewsbury）。他的父亲罗伯特·瓦林·达尔文（Robert Waring Darwin）是一位成功的医生；母亲苏珊娜（Suzannah）原姓韦奇伍德（Wedgwood），出身于瓷器制造世家。

1818年　　　就读于什鲁斯伯里学校。

1825年　　　进入爱丁堡大学学习医学。

1827年　　　进入剑桥大学（基督学院），准备成为一名牧师。

1831—1836年　登上贝格尔号。环游世界，访问了南美洲、加拉帕戈斯群岛等地。

1837年　　　住在伦敦。开始撰写关于物种嬗变（即演化）的第一本笔记。

1839年　　　出版《贝格尔号航海游记》一书。与艾玛·韦奇伍德（Emma Wedgwood）结婚。

1842年　　　撰写未发表的论文，勾勒自己的自然选择演化论。出版《珊瑚礁的结构与分布》（*The structure and distribution of coral reefs*）。搬到肯特郡唐恩村（Downe, Kent）的"唐屋"（Down House）。〔这所房子与达尔文家族的许多财产都保存了下来，并向公众开放。在达尔文居住期间，一位政府官员决定将村子的名字从Down更改为Downe，以避免与同名的郡（Down）混淆。达尔文决定不更改自己房子的拼写〕。

1844年　　　撰写一篇未发表的长文，论述自己的自然选择演化论。

1846—1854年　研究藤壶的分类。

p.113 1856年　　　开始撰写关于自然选择演化论的巨著。

1858年　　　收到阿尔弗雷德·拉塞尔·华莱士的来信，其中包含大致相同的理论。伦敦林奈学会共同发表了华莱士和达尔文的论文。

1859年　　　《依据自然选择的物种起源》（*On the Origin of Species by means of Natural Selection*）

1862年　　　《不列颠与外国兰花经由昆虫授粉的各种手段》（*On the various contrivances by which British and foreign orchids are fertilised by insects*）

1868年　　　《动物和植物在家养下的变异》（*The Variation of Animals and Plants under Domestication*）

1871年	《人类的由来和性选择》（*The Descent of Man, and Selection in Relation to Sex*）
1872年	《人类和动物的表情》（*The Expression of the Emotions in Man and Animals*）
1875—1880年	发表若干本植物学著作。
1881年	《腐殖土的产生与蚯蚓的作用》（*The Formation of Vegetable Mould through the Action of Worms*）
1882年	达尔文于4月26日在唐屋逝世。葬于威斯敏斯特大教堂（Westminster Abbey）。

达尔文的科学著作：

　　就达尔文的大多数科学著作而言，各种版本都很好。不过，对于《物种起源》，我建议首次阅读该书的人选择第一版（1859年）。达尔文首次发表《物种起源》便招致了大量的评论和批评。在之后的一系列版本中，达尔文回应了这些批评，并扩充了自己的想法。研究达尔文的学者喜欢追踪他在这六个版本中的思想轨迹，但大多数读者只想读一个版本。第一版以最清晰、最简洁的方式阐述了达尔文的论证。之后的版本越来越多地塞进了达尔文对批评者的（公开的或暗中的）答复。更重要的是，现在看来，那些批评已经无关紧要。它们没有得到支持，达尔文的答复也不再必要。现代生物学家所接受的达尔文理论诚然不同于达尔文最初的理论，但这既不在达尔文的也不在批评者的意料之中。所以第六版并未比第一版呈现出一个更现代的理论形态。读者读到的是相同的理论，只是在之后的版本中更难把握它。目前市面上有多个版本的《物种起源》，我推荐第一版。

达尔文的生平：

　　《达尔文自传》（*Autobiography*）。最初经删节作为《生平与书信》（*Life and Letters*）中的一章出版。现已有多个版本的全本。

　　Browne, J. (1995—2002). *Charles Darwin*. 2 vols. Jonathan Cape, London. 有数十种达尔文的传记，这本颇为权威，几乎称得上是"教科书级"的现代传记。

　　The Correspondence of Charles Darwin. Cambridge University Press. 这是一个庞大的学术出版项目，目前尚未完成。它将出版所有已知的达尔文书信，卷数很多，不过数目不详。编者的注释使之亦成为一部达尔文的传记。

达尔文的思想研究

　　以下两本书是最好的科学评论；它们都讨论了达尔文的理论建构及其与后续科学进步的关系。第一本聚焦于社会行为，第二本则聚焦于生物分类系统，不过两者涵盖的范围都很广泛。

　　Cronin, H. (1991). *The Ant and the Peacock*. Cambridge University Press.

　　Ghiselin, M. T. (1969). *The Triumph of the Darwinian Method*. University of

California Press.

现代的演化论：

理查德·道金斯（Richard Dawkins）以无比清晰的方式向公众普及了达尔文的思想，尤其是适应和自然选择，虽然他的近著《祖先的故事》（*The Ancestor's Tale*）讲述的是演化的历史。

Dawkins, R. (1986). *The Blind Watchmaker.* W. H. Freeman.

Dawkins, R. (1989). *The Selfish Gene.* 2nd edn. Oxford University Press.

Dawkins, R. (2004). *The Ancestor's Tale.* Weidenfeld & Nicolson.

斯蒂芬·杰·古尔德（Stephen Jay Gould）的科普文章涵盖了演化论的大量主题，其中许多是关于达尔文本人的思想。这些文章是古尔德在超过二十五年的时间里陆陆续续写成的，并汇集成一系列的书。

Gould, S. J. (1977). *Ever since Darwin.* W. W. Norton, New York.

Gould, S. J. (1980). *The Panda's Thumb.* W. W. Norton, New York.

Gould, S. J. (1983). *Hen's Teeth and Horse's Toes.* W. W. Norton, New York.

Gould, S. J. (1985). *The Flamingo's Smile.* W. W. Norton, New York.

Gould, S. J. (1991). *Bully for Brontosaurus.* W. W. Norton, New York.

Gould, S. J. (1993). *Eight Little Piggies.* W. W. Norton, New York.

Gould, S. J. (1996). *Dinosaur in a Haystack.* W. W. Norton, New York.

Gould, S. J. (1998). *Leonardo's Mountain of Clams and the Diet of Worms.* W. W. Norton, New York.

Gould, S. J. (2000). *The Lying Stones of Marrakech.* W. W. Norton, New York.

Gould, S. J. (2002). *I Have Landed.* W. W. Norton, New York.

Jones, S. (1999). *Almost Like a Whale.* Doubleday, London. Also published (2000) as: *Darwin's Ghost: The Origin of Species Updated.* Ballantine Books, New York.
在这本书中，史蒂夫·琼斯（Steve Jones）"更新了"《物种起源》——保留了后者的结构，但使用了崭新的例证。史蒂夫·琼斯是一位充满谐趣的科普作家。

我也写过一些关于演化的教育类作品（包括一本大学水平的教科书），也编辑过一本关于演化的论文集，其中收录了由"大牌的"演化生物学家所撰写的重要论文。

Ridley, M. (2003). *Evolution.* 3rd edn. Blackwell Publishing. 大学水平的教科书

Ridley, M. (ed.) (2004). *Evolution*. 2nd edn. Oxford Readers series. Oxford University Press. 论文集

pages.britishlibrary.net/charles.darwin/

你能够在这个网站找到达尔文的许多著作、论文、书信及其他作品。

literature.org/authors/darwin-charles/

你能够在这个网站找到可以全文搜索的《物种起源》(第一版和第六版)、《人类的由来》和《贝格尔号航海游记》,还有其他一些材料,比如与达尔文有关的假日。

索　引
（原书页码）

图书在版编目（ＣＩＰ）数据

如何阅读达尔文 / （英）马克·里德利
（Mark Ridley）著; 汪功伟译. —— 重庆 : 重庆大学出
版社, 2024.1
（大家读经典）
书名原文: How to Read Darwin
ISBN 978-7-5689-4251-5

Ⅰ.①如… Ⅱ.①马… ②汪… Ⅲ.①达尔文学说
Ⅳ.①Q111.2

中国国家版本馆 CIP 数据核字（2023）第 231101 号

如何阅读达尔文
RUHE YUEDU DAERWEN

[英]马克·里德利（Mark Ridley） 著

汪功伟 译

策划编辑：姚　颖
责任编辑：姚　颖
责任校对：刘志刚
装帧设计：Moo Design
责任印制：张　策

重庆大学出版社出版发行
出版人：陈晓阳
社址：（401331）重庆市沙坪坝区大学城西路21号
网址：http://www.cqup.com.cn
印刷：重庆市正前方彩色印刷有限公司

开本：890mm×1240mm　1/32　印张：5.875　字数：120千
2024年1月第1版　2024年1月第1次印刷
ISBN 978-7-5689-4251-5　定价：52.00元

版贸核渝字(2021)第098号